公益財団法人 日本数学検定協会 監修

受かる

数学検定 準2級

The Mathematics Certification Institute of Japan
>> Pre 2nd Grade

改訂版

Pre 2

Gakken

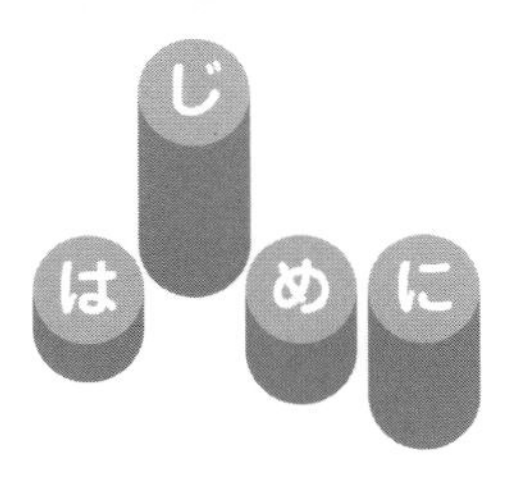

「実用数学技能検定」は，数学・算数の実用的な技能を測る記述式の検定です。

学年ごとに検定の内容や技能の概要を定めていますが，みなさんはその表記を見たことがありますか。

2級と準2級の出題範囲である高校1年程度の技能の概要は『日常生活や社会活動に応じた課題を正確に解決するために必要な数学技能』となっており，2級の出題範囲である高校2年程度の技能の概要は『日常生活や業務で生じる課題を合理的に解決するために必要な数学技能』とされています。この2つの文言を見比べてみると共通する言葉が見つかります。それは“日常生活”という言葉です。

人類の発展は数学の発展と密接に関わりをもっています。人類は自分たちが過ごしやすい環境を整えるためにさまざまな学問を発展させてきましたが，なかでも数学は具体的なものを抽象的に考えたり，基本的な考え方をもとに応用したりする際に，社会のなかで活用されてきました。そして，これまでの発想では容易に解決できない課題を考えるために，新しい考え方を見つけ，少しずつ変化をさせながらさまざまな分野で利用されてきました。現代社会においてはこれまでの数学が，電化製品やインターネットなど，日常生活で当たり前のように使われています。

たとえば，三角関数は私たちの日常生活に深く関わっています。音波や電波など周期性を特徴としているものを考えるうえで三角関数は必要不可欠なものです。電気についていえば，直流と交流というものを聞いたことがあるかもしれませんが，通常，発電所から送電線などを伝わって家庭に届けられる電気は交流です。交流とは，一定の周期で電流の向きと大きさが変化する流れ方です。そのため，交流の計算では三角関数が頻繁に使われます。もしも三角関数がこの世からなくなったとしたら，電気のなかった時代にまでさかのぼった生活を覚悟しなければならないかもしれません。電気を使う以上，必ず三角関数が利用されており，文明社会に生きる人類のほとんどが数学の恩恵を受けているということになります。自身の生活の基盤にある知識を多くの人が理解するからこそ，生活を守り発展させてゆくことができるのではないでしょうか。

三角関数に限らず，指数関数や対数関数，微分・積分，確率など，2級や準2級で出題される数学は日常生活におけるありとあらゆる場面で使われています。

2級や準2級の学習をする場合には広い視点をもって，数学が日常生活でどのように役立てられているのかを認識しながら，検定にチャレンジしてみてください。

公益財団法人 日本数学検定協会

数学検定準2級を受検するみなさんへ

数学検定とは

実用数学技能検定(後援＝文部科学省。対象:1～11級)は,数学の実用的な技能(計算・作図・表現・測定・整理・統計・証明)を測る「記述式」の検定で,公益財団法人日本数学検定協会が実施している全国レベルの実力・絶対評価システムです。

検定の概要

1級,準1級,2級,準2級,3級,4級,5級,6級,7級,8級,9級,10級,11級,かず・かたち検定のゴールドスター,シルバースターの合計15階級があります。
1～5級には,計算技能を測る「1次:計算技能検定」と数理応用技能を測る「2次:数理技能検定」があります。1次も2次も同じ日に行います。初めて受検するときは,1次・2次両方を受検します。
6級以下には,1次・2次の区分はありません。

○受検資格

原則として受検資格を問いません。

○受検方法

「個人受検」「団体受検」の2つの受検方法があります。
受検方法によって,検定日や検定料,受検できる階級や申し込み方法などが異なります。

くわしくは公式サイトでご確認ください。
https://www.su-gaku.net/suken/

○ 階級の構成

階級	検定時間	出題数	合格基準	目安となる程度
1級	1次：60分 2次：120分	1次：7問 2次：2題必須・5題より2題選択	1次：全問題の70%程度 2次：全問題の60%程度	大学程度・一般
準1級				高校3年生程度（数学Ⅲ・数学C程度）
2級	1次：50分 2次：90分	1次：15問 2次：2題必須・5題より3題選択		高校2年生程度（数学Ⅱ・数学B程度）
準2級		1次：15問 2次：10問		高校1年生程度（数学Ⅰ・数学A程度）
3級	1次：50分 2次：60分	1次：30問 2次：20問		中学3年生程度
4級				中学2年生程度
5級				中学1年生程度
6級	50分	30問	全問題の70%程度	小学6年生程度
7級				小学5年生程度
8級				小学4年生程度
9級	40分	20問		小学3年生程度
10級				小学2年生程度
11級				小学1年生程度
かず・かたち検定 ゴールドスター／シルバースター	40分	15問	10問	幼児

○合否の通知

検定実施から，約40日後を目安に郵送にて通知。
検定日の約3週間後に「数学検定」公式サイト（https://www.su-gaku.net/suken/）から合否結果を確認することができます。

○合格者の顕彰

【1～5級】

1次検定のみに合格すると計算技能検定合格証，
2次検定のみに合格すると数理技能検定合格証，
1次2次ともに合格すると実用数学技能検定合格証が発行されます。

【6～11級およびかず・かたち検定】

合格すると実用数学技能検定合格証，
不合格の場合は未来期待証が発行されます。

●実用数学技能検定合格，計算技能検定合格，数理技能検定合格をそれぞれ認め，永続してこれを保証します。

○実用数学技能検定取得のメリット

◎高等学校卒業程度認定試験の必須科目「数学」が試験免除

実用数学技能検定2級以上取得で，文部科学省が行う高等学校卒業程度認定試験の「数学」が免除になります。

◎実用数学技能検定取得者入試優遇制度

大学・短期大学・高等学校・中学校などの一般・推薦入試における各優遇措置があります。学校によって優遇の内容が異なりますのでご注意ください。

◎単位認定制度

大学・高等学校・高等専門学校などで，実用数学技能検定の取得者に単位を認定している学校があります。

○準2級の検定内容および技能の概要

準2級の検定内容は，下のような構造になっています。

D	E	特有問題
50％	40％	10％

D（高校1年程度）

検定の内容

数と集合，数と式，二次関数・グラフ，二次不等式，三角比，データの分析，場合の数，確率，整数の性質，n進法，図形の性質　など

技能の概要

▶**日常生活や社会活動に応じた課題を正確に解決するために必要な数学技能（数学的な活用）**

1. グラフや図形の表現ができる。
2. 情報の選別や整理ができる。
3. 身の回りの事象を数学的に説明できる。

E（中学校3年程度）

検定の内容

平方根，式の展開と因数分解，二次方程式，三平方の定理，円の性質，相似比，面積比，体積比，簡単な二次関数，簡単な統計　など

技能の概要

▶**社会で創造的に行動するために役立つ基礎的数学技能**

1. 簡単な構造物の設計や計算ができる。
2. 斜めの長さを計算することができ、材料の無駄を出すことなく切断したり行動することができる。
3. 製品や社会現象を簡単な統計図で表示することができる。

※アルファベットの下の表記は目安となる学年です。

受検時の注意

1) 当日の持ち物

持ち物＼階級	1～5級 1次	1～5級 2次	6～8級	9～11級	かず・かたち検定
受検証（写真貼付）※1	必須	必須	必須	必須	
鉛筆またはシャープペンシル（黒のHB・B・2B）	必須	必須	必須	必須	必須
消しゴム	必須	必須	必須	必須	必須
ものさし（定規）		必須	必須	必須	
コンパス		必須	必須		
分度器			必須		
電卓（算盤）※2		使用可			

※1　団体受検では受検証は発行・送付されません。

※2　使用できる電卓の種類　○一般的な電卓　○関数電卓　○グラフ電卓
通信機能や印刷機能をもつもの，携帯電話・スマートフォン・電子辞書・パソコンなどの電卓機能は使用できません。

2) 答案を書く上での注意

計算技能検定問題・数理技能検定問題とも書き込み式です。

答案は採点者にわかりやすいようにていねいに書いてください。特に，0と6，4と9，PとDとOなど，まぎらわしい数字・文字は，はっきりと区別できるように書いてください。正しく採点できない場合があります。

受検申込方法

受検の申し込みには個人受検と団体受検があります。くわしくは，公式サイト（https://www.su-gaku.net/suken/）をご覧ください。

○個人受検の方法

日曜日に年3回実施する個人受検A日程と，土曜日に実施する個人受検B日程があります。個人受検B日程で実施する検定回や階級は会場ごとに異なります。

- お申し込み後，検定日の約1週間前を目安に受検証を送付します。受検証に検定会場や時間が明記されています。
- 一旦納入された検定料は，理由のいかんによらず返還，繰り越し等いたしません。

◎個人受検A日程は次のいずれかの方法でお申し込みできます。

1）インターネットで申し込む

受付期間中に公式サイト（https://www.su-gaku.net/suken/）からお申し込みができます。詳細は，公式サイトをご覧ください。

2）LINEで申し込む

数検LINE公式アカウントからお申し込みができます。お申し込みには「友だち追加」が必要です。詳細は，公式サイトをご覧ください。

3）コンビニエンスストア設置の情報端末で申し込む

下記のコンビニエンスストアに設置されている情報端末からお申し込みができます。

- セブンイレブン「マルチコピー機」
- ローソン「Loppi」
- ファミリーマート「マルチコピー機」
- ミニストップ「MINISTOP Loppi」

4）郵送で申し込む

①公式サイトからダウンロードした個人受検申込書に必要事項を記入します。

②検定料を郵便口座に振り込みます。

※郵便局へ払い込んだ際の領収書を受け取ってください。
※検定料の払い込みだけでは，申し込みとなりません。

郵便局振替口座：00130-5-50929
公益財団法人 日本数学検定協会

③下記宛先に必要なものを郵送します。

(1)受検申込書　(2)領収書・振込明細書（またはそのコピー）

［宛先］　〒110-0005 東京都台東区上野5-1-1　文昌堂ビル4階
公益財団法人　日本数学検定協会　宛

デジタル特典　スマホで読める要点まとめ

URL：https://gbc-library.gakken.jp/
ID：n7ppw
パスワード：44ra9yre

※「コンテンツ追加」から「ID」と「パスワード」をご入力ください。
※コンテンツの閲覧にはGakkenIDへの登録が必要です。IDとパスワードの無断転載・複製を禁じます。サイトアクセス・ダウンロード時の通信料はお客様のご負担になります。サービスは予告なく終了する場合があります。

受かる！ 数学検定準2級

第1章 計算技能検定［❶次］【対策編】

第2章 数理技能検定［❷次］【対策編】

※巻末に，本冊と軽くのりづけされていますので，はずしてお使いください。

本書の特長と使い方

本書は,数学検定合格のための攻略問題集で,
「計算技能検定[❶次]対策編」と「数理技能検定[❷次]対策編」の2部構成になっています。

1 解法を確認しよう!

第1章 計算技能検定[❶次]対策編

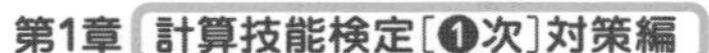

第2章 数理技能検定[❷次]対策編

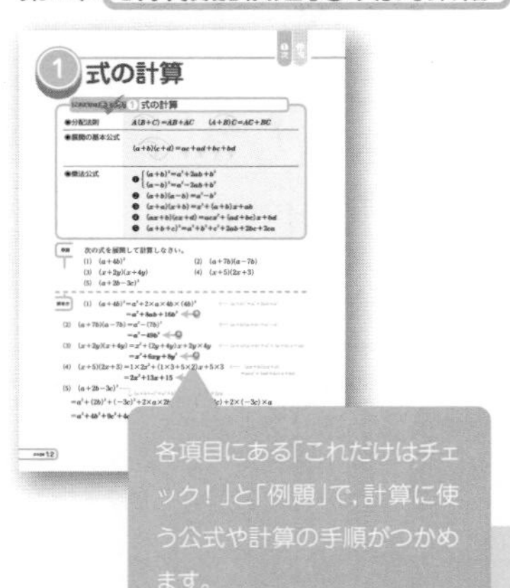

各項目にある「これだけはチェック!」と「例題」で,計算に使う公式や計算の手順がつかめます。

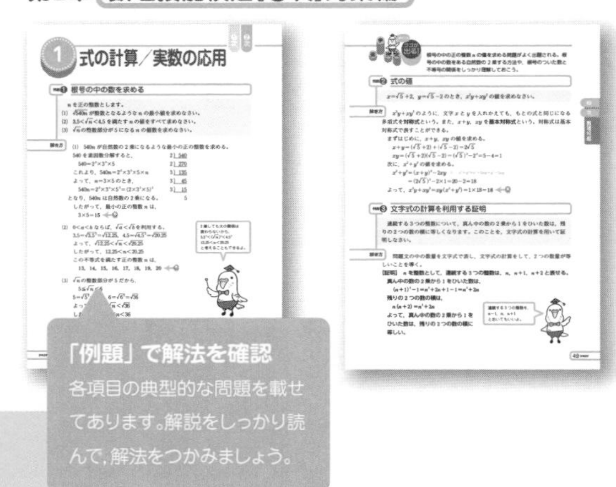

「例題」で解法を確認
各項目の典型的な問題を載せてあります。解説をしっかり読んで,解法をつかみましょう。

2 2ステップの問題で理解を定着!

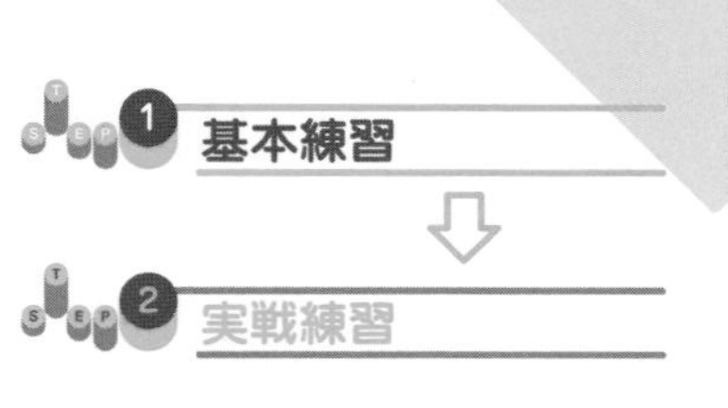

の2段階式で,
無理なく着実に力がつきます。

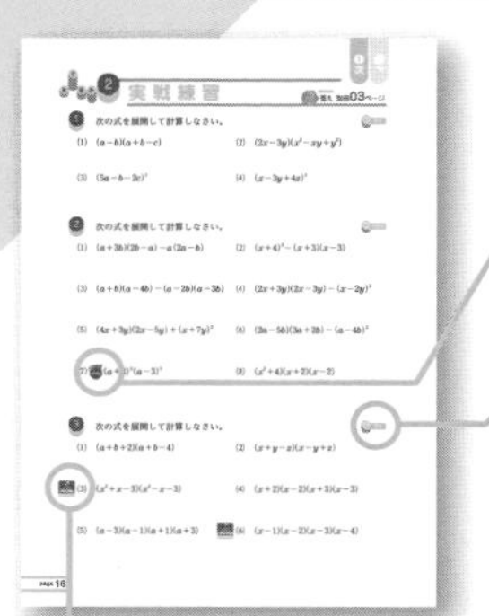

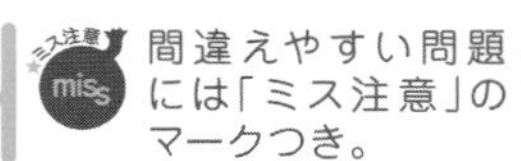

間違えやすい問題には「ミス注意」のマークつき。

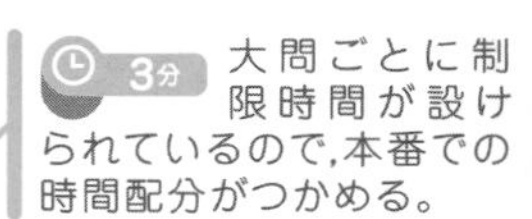

大問ごとに制限時間が設けられているので,本番での時間配分がつかめる。

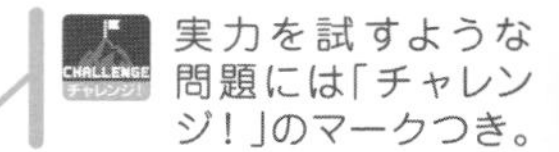

実力を試すような問題には「チャレンジ!」のマークつき。

3 巻末 模擬検定問題 で総仕上げ!

本書の巻末には,模擬検定問題がついています。
実際の検定内容にそった問題ばかりですから,
制限時間を守り,本番のつもりで挑戦しましょう。

〈別冊〉解答と解説

問題の解答と解説は,答え合わせのしやすい別冊です。
できなかった問題は,解説をよく読んで,
正しい解き方を確認しましょう。

❶次 ❷次

第1章

計算技能検定【❶次】

【対策編】

1 式の計算

『これだけは』チェック！ 1 式の計算

◉分配法則

$A(B+C)=AB+AC$　　$(A+B)C=AC+BC$

◉展開の基本公式

$(a+b)(c+d)=\underset{①}{ac}+\underset{②}{ad}+\underset{③}{bc}+\underset{④}{bd}$

◉乗法公式

❶ $\begin{cases}(a+b)^2=a^2+2ab+b^2\\(a-b)^2=a^2-2ab+b^2\end{cases}$

❷ $(a+b)(a-b)=a^2-b^2$

❸ $(x+a)(x+b)=x^2+(a+b)x+ab$

❹ $(ax+b)(cx+d)=acx^2+(ad+bc)x+bd$

❺ $(a+b+c)^2=a^2+b^2+c^2+2ab+2bc+2ca$

例題　次の式を展開して計算しなさい。

(1)　$(a+4b)^2$　　(2)　$(a+7b)(a-7b)$

(3)　$(x+2y)(x+4y)$　　(4)　$(x+5)(2x+3)$

(5)　$(a+2b-3c)^2$

解き方

(1)　$(a+4b)^2=a^2+2\times a\times 4b+(4b)^2$　← $(a+b)^2=a^2+2ab+b^2$

$=\boldsymbol{a^2+8ab+16b^2}$ ← 答

(2)　$(a+7b)(a-7b)=a^2-(7b)^2$　← $(a+b)(a-b)=a^2-b^2$

$=\boldsymbol{a^2-49b^2}$ ← 答

(3)　$(x+2y)(x+4y)=x^2+(2y+4y)x+2y\times 4y$　← $(x+a)(x+b)=x^2+(a+b)x+ab$

$=\boldsymbol{x^2+6xy+8y^2}$ ← 答

(4)　$(x+5)(2x+3)=1\times 2x^2+(1\times 3+5\times 2)x+5\times 3$　← $(ax+b)(cx+d)=acx^2+(ad+bc)x+bd$

$=\boldsymbol{2x^2+13x+15}$ ← 答

(5)　$(a+2b-3c)^2$　↓ $(a+b+c)^2=a^2+b^2+c^2+2ab+2bc+2ca$

$=a^2+(2b)^2+(-3c)^2+2\times a\times 2b+2\times 2b\times(-3c)+2\times(-3c)\times a$

$=\boldsymbol{a^2+4b^2+9c^2+4ab-12bc-6ca}$ ← 答

乗法公式や因数分解の公式を利用する基本的な計算が出題される。また，式の一部分を他の文字におきかえて公式にあてはめる問題もよく出題されるので，解き方をしっかりマスターしておこう。

「これだけは」チェック！ 2 因数分解

◉共通因数をくくり出す

各項に共通な因数があれば，その**共通因数をかっこの外にくくり出す**。$AB+AC+AD=A(B+C+D)$

◉因数分解の公式

❶ $\begin{cases} a^2+2ab+b^2=(a+b)^2 \\ a^2-2ab+b^2=(a-b)^2 \end{cases}$

❷ $a^2-b^2=(a+b)(a-b)$

❸ $x^2+(a+b)x+ab=(x+a)(x+b)$

❹ $acx^2+(ad+bc)x+bd=(ax+b)(cx+d)$

例題 次の式を因数分解しなさい。

(1) $a^2-12ab+36b^2$　　(2) $25a^2-9b^2$

(3) a^2+a-12　　(4) $8x^2+10x+3$

解き方

(1) $a^2-12ab+36b^2=a^2-2\times a\times 6b+(6b)^2$

$=(a-6b)^2$ ← 答

（$a^2-2ab+b^2=(a-b)^2$）

(2) $25a^2-9b^2=(5a)^2-(3b)^2$

$=(5a+3b)(5a-3b)$ ← 答

（$a^2-b^2=(a+b)(a-b)$）

(3) 和が 1，積が -12 となる 2 つの整数の組を，表を利用して見つける。

積が -12	1 と -12	-1 と 12	2 と -6	-2 と 6	3 と -4	-3 と 4
2 数の和	-11 ×	11 ×	-4 ×	4 ×	-1 ×	1 ○

上の表から，$a^2+a-12=(a-3)(a+4)$ ← 答

(4) 因数分解の公式❹で，$ac=8$，$ad+bc=10$，$bd=3$ となる a，b，c，d を見つける。

▼たすき掛けの計算

$$\begin{array}{ccc} a & b \to & bc \\ c & d \to & ad \\ \hline ac & bd & ad+bc \end{array}$$

➡

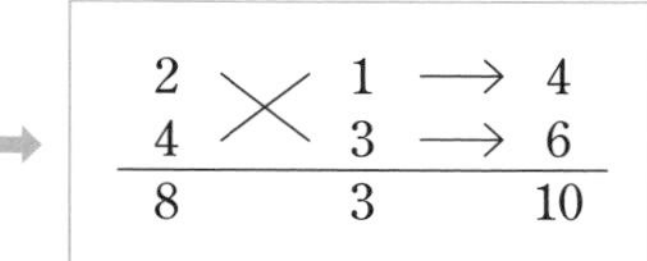

$$\begin{array}{ccc} 2 & 1 \to & 4 \\ 4 & 3 \to & 6 \\ \hline 8 & 3 & 10 \end{array}$$

上のたすき掛けの計算から，$8x^2+10x+3=(2x+1)(4x+3)$ ← 答

STEP 1 基本練習

答え：別冊01ページ

1 次の式を展開して計算しなさい。 3分

(1) $4a(2a+3b)$　　(2) $-5y(x+4y-3z)$

(3) $(6x-7y)\times 3xy$　　(4) $(3a-8b-5c)\times(-2ab)$

2 次の式を展開して計算しなさい。

(1) $(a+2)(3b-1)$　　(2) $(3x-4)(y+5)$

(3) $(2a-3)(6b-7)$　　(4) miss $(5x+2y)(y-x)$

3 次の式を展開して計算しなさい。

(1) $(a+5)^2$　　(2) $(3x+y)^2$

(3) $(2x-7)^2$　　(4) $(4a-3b)^2$

(5) $(8a+b)(8a-b)$　　(6) $(9x-2y)(2y+9x)$

(7) $(a+2)(4a+3)$　　(8) $(2x+5)(3x-4)$

(9) $(4a-3b)(3a-2b)$　　(10) $(2x-3y)(5x+7y)$

(11) $(a+b+3)^2$　　(12) $(2x-y+5)^2$

4 次の式を因数分解しなさい。

3分

(1) $10ab+15bc$

(2) ミス注意 miss $2x^2y-6xy^2-8xyz$

(3) $(a-1)b+(1-a)c$

(4) $(a-2b)x-(2b-a)y$

5 次の式を因数分解しなさい。

10分

(1) $x^2+8x+16$

(2) $a^2+14ab+49b^2$

(3) $x^2-18x+81$

(4) $9a^2-12ab+4b^2$

(5) x^2-36

(6) $16a^2-49b^2$

(7) $a^2+9a+20$

(8) $x^2-4x-21$

(9) $a^2-10ab+16b^2$

(10) $x^2-xy-30y^2$

6 次の式を因数分解しなさい。

10分

(1) $3x^2+7x+2$

(2) $6a^2-11a+4$

(3) $8a^2+6a-9$

(4) $15x^2-x-28$

(5) $4a^2+9ab+2b^2$

(6) $3x^2-7xy-20y^2$

(7) $6a^2-17ab+10b^2$

(8) $10x^2+xy-21y^2$

 次の式を展開して計算しなさい。 

(1) $(a-b)(a+b-c)$　　(2) $(2x-3y)(x^2-xy+y^2)$

(3) $(5a-b-2c)^2$　　(4) $(x-3y+4z)^2$

 次の式を展開して計算しなさい。 

(1) $(a+3b)(2b-a)-a(2a-b)$　　(2) $(x+4)^2-(x+3)(x-3)$

(3) $(a+b)(a-4b)-(a-2b)(a-3b)$　　(4) $(2x+3y)(2x-3y)-(x-2y)^2$

(5) $(4x+3y)(2x-5y)+(x+7y)^2$　　(6) $(2a-5b)(3a+2b)-(a-4b)^2$

(7) miss $(a+3)^2(a-3)^2$　　(8) $(x^2+4)(x+2)(x-2)$

 次の式を展開して計算しなさい。 

(1) $(a+b+2)(a+b-4)$　　(2) $(x+y-z)(x-y+z)$

(3) $(x^2+x-3)(x^2-x-3)$　　(4) $(x+2)(x-2)(x+3)(x-3)$

(5) $(a-3)(a-1)(a+1)(a+3)$　　CHALLENGE チャレンジ! (6) $(x-1)(x-2)(x-3)(x-4)$

4 次の式を因数分解しなさい。

5分

(1) $5x^2-45$

(2) $3a^3-18a^2+24a$

(3) $2x^3y-4x^2y^2-30xy^3$

(4) $a^2bc-6ab^2c+9b^3c$

(5) ミス注意 miss $3a^2b+10ab-8b$

(6) $6x^3y-7x^2y^2-5xy^3$

5 次の式を因数分解しなさい。

7分

(1) $(x+y)^2+9(x+y)+18$

(2) $(a+2)^2-3(a+2)-28$

(3) $(a+b)^2+8(a+b)+16$

(4) $(x-3)^2-12(x-3)+36$

(5) $(a-b)^2-64$

(6) $25x^2-(y-z)^2$

6 次の式を因数分解しなさい。

10分

(1) x^4-81

(2) a^4-17a^2+16

(3) $x^2-x-xy+y$

(4) $a^2b-bc^2-a^2+c^2$

(5) $a^2+6a+9-b^2$

(6) x^2-y^2+2y-1

CHALLENGE チャレンジ! (7) $a^2+ab-a+2b-6$

CHALLENGE チャレンジ! (8) $x^2+3xy+2y^2+x+5y-12$

2 実数／集合

『これだけは』チェック！ 1 根号を含む式の計算

◉乗法・除法

$a>0$, $b>0$ のとき，

$\sqrt{a}\times\sqrt{b}=\sqrt{a\times b}$, $\dfrac{\sqrt{a}}{\sqrt{b}}=\sqrt{\dfrac{a}{b}}$

◉加法・減法

$m\sqrt{a}+n\sqrt{a}=(m+n)\sqrt{a}$

$m\sqrt{a}-n\sqrt{a}=(m-n)\sqrt{a}$

◉分母の有理化

❶分母にある$\sqrt{\ }$のついた数を分子と分母にかける。

$$\frac{a}{\sqrt{b}}=\frac{a\times\sqrt{b}}{\sqrt{b}\times\sqrt{b}}=\frac{a\sqrt{b}}{b}$$

❷分母と分子に$\sqrt{a}-\sqrt{b}$をかけて，分母の$\sqrt{\ }$を消す。

$$\frac{c}{\sqrt{a}+\sqrt{b}}=\frac{c(\sqrt{a}-\sqrt{b})}{(\sqrt{a}+\sqrt{b})(\sqrt{a}-\sqrt{b})}=\frac{c(\sqrt{a}-\sqrt{b})}{a-b}$$

例題 次の数の分母を有理化しなさい。

(1) $\dfrac{20}{\sqrt{5}}$　　(2) $\dfrac{\sqrt{6}}{\sqrt{6}+\sqrt{2}}$

解き方

(1) $\dfrac{20}{\sqrt{5}}=\dfrac{20\times\sqrt{5}}{\sqrt{5}\times\sqrt{5}}$　← $\dfrac{a}{\sqrt{b}}=\dfrac{a\times\sqrt{b}}{\sqrt{b}\times\sqrt{b}}$

$=\dfrac{20\sqrt{5}}{5}$

約分する。

$=4\sqrt{5}$ ← 答

(2) $\dfrac{\sqrt{6}}{\sqrt{6}+\sqrt{2}}=\dfrac{\sqrt{6}(\sqrt{6}-\sqrt{2})}{(\sqrt{6}+\sqrt{2})(\sqrt{6}-\sqrt{2})}$　← $\dfrac{c}{\sqrt{a}+\sqrt{b}}=\dfrac{c(\sqrt{a}-\sqrt{b})}{(\sqrt{a}+\sqrt{b})(\sqrt{a}-\sqrt{b})}$

$=\dfrac{(\sqrt{6})^2-\sqrt{6}\times\sqrt{2}}{(\sqrt{6})^2-(\sqrt{2})^2}$　← $(\sqrt{a}+\sqrt{b})(\sqrt{a}-\sqrt{b})=(\sqrt{a})^2-(\sqrt{b})^2$

$=\dfrac{6-2\sqrt{3}}{6-2}$

約分する。

$=\dfrac{3-\sqrt{3}}{2}$ ← 答

分母に$\sqrt{\ }$を含む式を変形して，分母に$\sqrt{\ }$を含まない式にすることを，分母を有理化するというよ。

根号を含む式の計算では，乗法公式を利用する計算や分母の有理化が出題される。また，循環小数を分数で表したり，2 進法で表された数を 10 進法で表したりする問題にも慣れておこう。

「これだけは」チェック! 2 循環小数を分数で表す

◉循環小数

0.242424…のように，**ある位以下で同じ数字の並びがくり返される無限小数**を循環小数という。

循環小数は，記号・を使って，$0.242424\cdots=0.\dot{2}\dot{4}$ と表すことができる。

例題 循環小数 $1.\dot{3}\dot{6}$ を分数で表しなさい。

解き方

$x=1.363636\cdots$とおくと，$100x=136.3636\cdots$と表せる。

$100x$ と x の差を計算すると，　←2 つの数字がくり返されるときは，$100x$ と x の差を考える。

$$\begin{array}{rr} 100x= & 136.3636\cdots \\ -)\quad x= & 1.3636\cdots \\ \hline 99x= & 135 \end{array}$$

x を分数で表すと，$x=\frac{135}{99}=\mathbf{\frac{15}{11}}$ ←答

「これだけは」チェック! 3 2進法を10進法で表す

◉ 10 進法

位取りの基礎を 10 とし，右の位から順に，10^0 の位，10^1 の位，10^2 の位，10^3 の位，……を用いる。

◉ 2 進法

位取りの基礎を 2 とし，右の位から順に，2^0 の位，2^1 の位，2^2 の位，2^3 の位，……を用いる。

例題 2 進法で表された数 $1101101_{(2)}$ を 10 進法で表しなさい。

解き方

$1101101_{(2)}$　←n 進法で表された数は右下に(n)をつけて表す。10 進法では(10)を省略する。

$=1\times2^6+1\times2^5+0\times2^4+1\times2^3+1\times2^2+0\times2^1+1\times2^0$　←いちばん右の位を 2^1 としないように注意。

$=64+32+0+8+4+0+1$

$=\mathbf{109}$ ←答

STEP 1 基本練習

答え:別冊06ページ

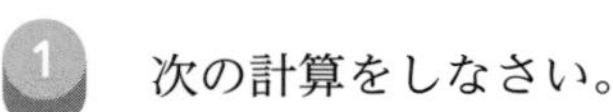

1 次の計算をしなさい。 3分

(1) $\sqrt{2}\times\sqrt{18}$

(2) $\dfrac{\sqrt{35}}{\sqrt{7}}$

(3) $\sqrt{3}\times\sqrt{6}\times\sqrt{8}$

(4) $\sqrt{20}\times\sqrt{12}\div\sqrt{15}$

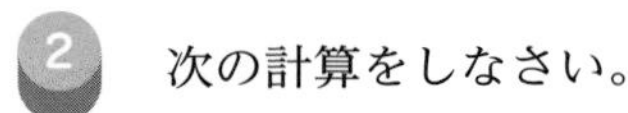

2 次の計算をしなさい。 3分

(1) $3\sqrt{7}+\sqrt{28}$

(2) $\sqrt{48}-\sqrt{3}$

(3) $\sqrt{20}-\sqrt{80}+3\sqrt{5}$

(4) $\sqrt{72}-\sqrt{8}-\sqrt{18}$

3 次の計算をしなさい。 5分

(1) $(\sqrt{5}+2)(3+2\sqrt{5})$

(2) $(2\sqrt{3}+\sqrt{2})^2$

(3) $(\sqrt{6}-\sqrt{3})^2$

(4) $(\sqrt{7}+3)(\sqrt{7}-3)$

(5) $(3\sqrt{5}+6)(\sqrt{45}-6)$

(6) $(\sqrt{6}+1)(\sqrt{6}+3)$

4 次の数の分母を有理化しなさい。 3分

(1) $\dfrac{9}{\sqrt{3}}$

(2) $\dfrac{\sqrt{2}}{\sqrt{5}}$

(3) $\dfrac{3}{2\sqrt{6}}$

(4) $\dfrac{6}{\sqrt{50}}$

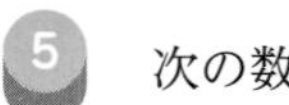

5 次の数の分母を有理化しなさい。

(1) $\dfrac{\sqrt{5}}{\sqrt{5}+2}$　　(2) $\dfrac{2}{\sqrt{7}-\sqrt{3}}$

(3) $\dfrac{\sqrt{12}}{\sqrt{3}+2}$　　(4) $\dfrac{\sqrt{6}+\sqrt{2}}{\sqrt{6}-\sqrt{2}}$

6 次の分数を循環小数の記号・を使って表しなさい。

(1) $\dfrac{5}{3}$　　(2) $\dfrac{25}{11}$　　(3) miss $\dfrac{5}{37}$

7 次の循環小数を分数で表しなさい。

(1) $0.\dot{5}$　　(2) $2.\dot{3}$

8 次の2進法で表された数を10進法で表しなさい。

(1) $10101_{(2)}$　　(2) $101110_{(2)}$

9 2つの集合 $A=\{x|x$ は12の正の約数$\}$，$B=\{x|x$ は18の正の約数$\}$ について，次の問いに答えなさい。

(1) 集合 A，B の要素をそれぞれ書き並べる方法で表しなさい。

(2) 集合 $A\cap B$ の要素の個数を求めなさい。

実戦練習

次の計算をしなさい。 10分

(1) $\dfrac{8}{\sqrt{2}}+\sqrt{8}$

(2) $\sqrt{80}-\dfrac{15}{\sqrt{5}}$

(3) $\sqrt{3}-\sqrt{12}+\dfrac{9}{\sqrt{3}}$

(4) $\sqrt{54}-\dfrac{30}{\sqrt{6}}-\sqrt{24}$

(5) $\dfrac{2}{\sqrt{8}}+\dfrac{2}{\sqrt{32}}$

(6) $\dfrac{4}{\sqrt{12}}-\dfrac{6}{\sqrt{48}}$

(7) $\dfrac{3}{\sqrt{63}}+\sqrt{7}-\dfrac{8}{\sqrt{28}}$

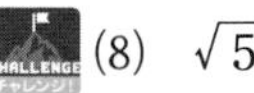

(8) $\sqrt{5}+\dfrac{4}{\sqrt{20}}-\dfrac{9}{\sqrt{45}}$

次の計算をしなさい。 10分

(1) $\sqrt{2}(\sqrt{3}-\sqrt{6})+\sqrt{27}$

(2) $\sqrt{24}-\sqrt{3}(\sqrt{12}-\sqrt{18})$

(3) $(\sqrt{18}+\sqrt{6})(\sqrt{6}-\sqrt{2})$

(4) $(3\sqrt{5}+\sqrt{28})(2\sqrt{7}-\sqrt{45})$

(5) $(\sqrt{2}-\sqrt{7})^2+\dfrac{4\sqrt{7}}{\sqrt{2}}$

(6) $\dfrac{15}{\sqrt{3}}-(\sqrt{6}+\sqrt{2})^2$

(7) $(2\sqrt{2}-3)(\sqrt{8}+1)+\dfrac{12}{\sqrt{18}}$

CHALLENGE チャレンジ! (8) $(5-\sqrt{5})(5-\sqrt{20})-\dfrac{30}{\sqrt{20}}$

(9) $(1+\sqrt{2}+\sqrt{3})^2$

CHALLENGE チャレンジ! (10) $(\sqrt{5}+\sqrt{8}-\sqrt{12})^2$

3 次の計算をしなさい。 10分

(1) $\dfrac{4}{3+\sqrt{7}}+\sqrt{28}$　　(2) $\dfrac{18}{\sqrt{10}-4}+\sqrt{90}$

(3) $\dfrac{4\sqrt{2}+2\sqrt{5}}{4\sqrt{2}-2\sqrt{5}}$　　(4) $\dfrac{3\sqrt{6}-4\sqrt{3}}{3\sqrt{6}+4\sqrt{3}}-\sqrt{6}(\sqrt{96}-\sqrt{3})$

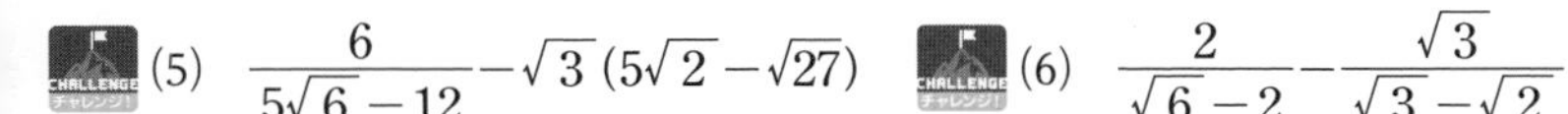
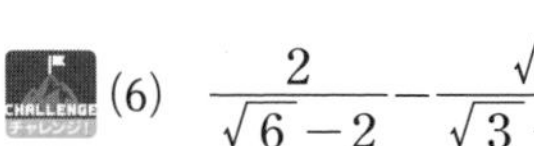

CHALLENGE チャレンジ！ (5) $\dfrac{6}{5\sqrt{6}-12}-\sqrt{3}(5\sqrt{2}-\sqrt{27})$　　CHALLENGE チャレンジ！ (6) $\dfrac{2}{\sqrt{6}-2}-\dfrac{\sqrt{3}}{\sqrt{3}-\sqrt{2}}$

4 次の循環小数を分数で表しなさい。 3分

(1) $1.\dot{5}\dot{4}$　　(2) $0.\dot{4}8\dot{6}$

5 次の2進法で表された数を10進法で表しなさい。 3分

(1) $1010101_{(2)}$　　(2) $11100111_{(2)}$

6 次の10進法で表された数を2進法で表しなさい。 3分

(1) 50　　(2) 109

7 2つの集合
$A=\{x|x$ は4の倍数，$1\leqq x\leqq 200\}$，$B=\{x|x$ は5の倍数，$1\leqq x\leqq 200\}$ について，次の問いに答えなさい。 3分

(1) 集合 $A\cap B$ の要素の個数を求めなさい。

CHALLENGE チャレンジ！ (2) 集合 $A\cup B$ の要素の個数を求めなさい。

3 方程式と不等式

『これだけは』チェック！① 2次方程式の解き方

●平方完成を利用した解き方
$x^2+px+q=0$ を，$(x+m)^2=n$ の形に変形して，平方根の考え方を利用して解く。

●解の公式
2次方程式 $ax^2+bx+c=0$ の解は，

$$x=\frac{-b\pm\sqrt{b^2-4ac}}{2a}$$

●因数分解を利用した解き方
$AB=0$ ならば，$A=0$ または $B=0$ を利用する。
左辺を因数分解して，
$(x+a)(x+b)=0$ ならば，$x=-a$，$x=-b$

例題 次の方程式を解きなさい。

(1) $x^2+6x+4=0$　(2) $3x^2-7x+1=0$
(3) $x^2-3x-10=0$

解き方

(1) $x^2+6x+4=0$
$x^2+6x+9=-4+9$ ← 4を右辺に移項し，x の係数の半分の3の2乗を両辺にたす。
$(x+3)^2=5$ ← 左辺を平方完成する。
$x+3=\pm\sqrt{5}$ ← $(x+m)^2=n \to x+m=\pm\sqrt{n}$
$\boldsymbol{x=-3\pm\sqrt{5}}$ ← 答

(2) 解の公式に，$a=3$，$b=-7$，$c=1$ を代入すると，

$$x=\frac{-(-7)\pm\sqrt{(-7)^2-4\cdot3\cdot1}}{2\cdot3}$$
$$=\frac{7\pm\sqrt{49-12}}{6}$$
$$=\boldsymbol{\frac{7\pm\sqrt{37}}{6}}$$ ← 答

「・」は「×」と同じで，積を表す記号だよ。

(3) $x^2-3x-10=0$
$(x+2)(x-5)=0$ ← 左辺を因数分解する。
$x+2=0$ または $x-5=0$ ← $AB=0$ ならば，$A=0$ または $B=0$
$\boldsymbol{x=-2,\ 5}$ ← 答

方程式では，2次方程式と絶対値を含む方程式が出題される。
1次不等式では，両辺に負の数をかけたり，両辺を負の数でわると不等号の向きが変わることに注意する。

『これだけは』チェック! ② 絶対値を含む方程式・不等式

◉方程式の解き方　$a>0$ のとき，**方程式 $|x|=a$ の解は，$x=\pm a$**

◉不等式の解き方　$a>0$ のとき，**不等式 $|x|<a$ の解は，$-a<x<a$**
不等式 $|x|>a$ の解は，$x<-a$，$a<x$

例題　次の方程式と不等式を解きなさい。
(1)　$|x-2|=5$　　(2)　$|x-3|<4$

解き方
(1)　$|x-2|=5$
$x-2=\pm 5$　（$|x|=a$ → $x=\pm a$）
$x=2\pm 5$
$x=2+5=7$,
$x=2-5=-3$　← 答

(2)　$|x-3|<4$
$-4<x-3<4$　（$|x|<a$ → $-a<x<a$）
不等式の各辺に3をたす。
$-4+3<x-3+3<4+3$
$-1<x<7$　← 答

『これだけは』チェック! ③ 1次不等式の解き方

◉不等式の性質
・$A<B$ ならば，$A+C<B+C$，$A-C<B-C$
・$A<B$，$C>0$ ならば，$AC<BC$，$\dfrac{A}{C}<\dfrac{B}{C}$
・$A<B$，$C<0$ ならば，$AC>BC$，$\dfrac{A}{C}>\dfrac{B}{C}$

例題　不等式 $\dfrac{1}{2}x-3<\dfrac{4x+1}{3}$ を解きなさい。

解き方
$\dfrac{1}{2}x-3<\dfrac{4x+1}{3}$
$\left(\dfrac{1}{2}x-3\right)\times 6<\dfrac{4x+1}{3}\times 6$
分母をはらう。
$3x-18<2(4x+1)$
かっこをはずす。
$3x-18<8x+2$
$ax<b$ の形に整理する。
$-5x<20$
両辺を -5 でわる。
$x>-4$　← 答

両辺を負の数でわると，不等号の向きが変わることに注意！

基本練習

答え:別冊11ページ

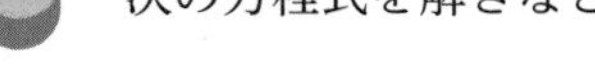

次の方程式を解きなさい。 3分

(1) $x^2=9$　(2) $4x^2=8$

(3) $3x^2-36=0$　(4) ミス注意 miss $x^2=\frac{3}{4}$

(5) $(x-1)^2=5$　(6) $(x+3)^2=4$

次の方程式を解きなさい。 3分

(1) $x^2+2x-2=0$　(2) $x^2-6x+3=0$

(3) $x^2-4x-3=0$　(4) $x^2+10x+15=0$

次の方程式を解きなさい。 3分

(1) $x^2+5x+3=0$　(2) $x^2-3x-2=0$

(3) $x^2+x-8=0$　(4) $x^2-7x-4=0$

次の方程式を解きなさい。 3分

(1) $x^2-4x+3=0$　(2) $x^2+8x+12=0$

(3) $x^2+x-20=0$　(4) $x^2-7x-18=0$

(5) $x^2+8x+16=0$　(6) $x^2-14x+49=0$

5 次の方程式を解きなさい。

3分

(1) $|x|=9$

(2) $|x-4|=3$

(3) $|x-6|=2$

(4) $|x+3|=5$

6 次の不等式を解きなさい。

(1) $|x|<3$

(2) $|x|>8$

(3) $|x-5|<1$

(4) $|x+2|>4$

7 次の不等式を解きなさい。

(1) $x+2<6$

(2) $x-7>-4$

(3) $4x>-20$

(4) miss $-6x \leqq 12$

(5) $\dfrac{1}{2}x<-3$

(6) $-\dfrac{1}{5}x<-4$

(7) $5x+6 \geqq 2x$

(8) $2x<3x+5$

(9) $4x+5 \geqq 3x+7$

(10) $x+4<2x-3$

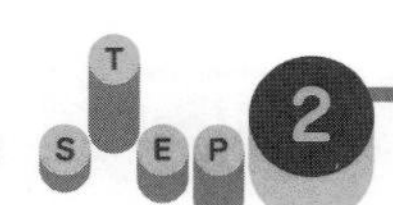

STEP 2 実戦練習

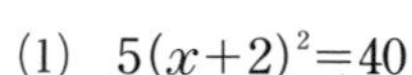

答え：別冊12ページ

1 次の方程式を解きなさい。 10分

(1) $5(x+2)^2=40$

(2) $x^2+4x-8=0$

(3) $3x^2-x-3=0$

(4) $4x^2+7x+2=0$

(5) $x^2-6x-11=0$

(6) $2x^2-4x-3=0$

(7) $x^2-8x-16=0$

(8) $4(x-6)^2=36$

(9) $3x^2-6x+1=0$

(10) $x^2+12x+8=0$

(11) $x^2-18x+1=0$

(12) $5x^2-x-2=0$

2 次の方程式を解きなさい。 7分

(1) $x^2+6x+8=0$

(2) $x^2-3x-18=0$

(3) $x^2-24x+144=0$

(4) $x^2+3x-28=0$

(5) $x^2-4x-45=0$

(6) $4x^2-4x+1=0$

(7) $x^2+3x-70=0$

(8) $16x^2+8x+1=0$

CHALLENGE チャレンジ！ (9) $2x^2+5x-3=0$

CHALLENGE チャレンジ！ (10) $3x^2-8x+4=0$

CHALLENGE チャレンジ! **3** 次の方程式を解きなさい。 5分

(1) $|x-4|=3x$　　(2) $|x-12|=5x$

CHALLENGE チャレンジ! **4** 次の不等式を解きなさい。 5分

(1) $|x-3|<2x$　　(2) $|x-15|\geqq 4x$

5 次の不等式を解きなさい。 5分

(1) $-2x-5\leqq 7x-20$　　(2) $4x-10>11-3x$

(3) $3(2x-5)>5x-9$　　(4) $3(x+3)<4(1-x)+12$

6 次の不等式を解きなさい。 7分

(1) $0.3x-2.9\geqq -2x+4$　　(2) $0.9x-0.8<1.3x+2.4$

(3) $\frac{2}{3}x+2>\frac{1}{2}x+3$　　(4) $\frac{7}{6}x-1\leqq\frac{5x-3}{4}$

(5) $\frac{x+2}{5}+\frac{x-1}{3}\leqq 1$　　(6) $\frac{5x-9}{6}-\frac{3x-5}{2}>2$

CHALLENGE チャレンジ! **7** 連立不等式 $\begin{cases} 3x+4\geqq x-6 \\ 5x-2>7x-8 \end{cases}$ を解きなさい。 3分

関数

「これだけは」チェック! 1 関数 $y=ax^2$

◉関数 $y=ax^2$ の式	y が x の2乗に比例するとき，$y=ax^2$ $(a \neq 0)$ と表せる。（a：比例定数）
◉関数 $y=ax^2$ の変化の割合	変化の割合 $=\dfrac{y\text{の増加量}}{x\text{の増加量}}$ （関数 $y=ax^2$ の変化の割合は**一定ではない。**）

例題 関数 $y=ax^2$ において，$x=4$ のとき $y=8$ である。このとき，定数 a の値を求めなさい。また，この関数において，x の値が2から6まで増加するときの変化の割合を求めなさい。

解き方 $y=ax^2$ に $x=4$，$y=8$ を代入すると，

$8=a\times4^2$，$8=16a$，$\boldsymbol{a=\frac{1}{2}}$ ← 答

関数 $y=\frac{1}{2}x^2$ において，

$x=2$ のとき，$y=\frac{1}{2}\times2^2=2$，$x=6$ のとき，$y=\frac{1}{2}\times6^2=18$

よって，変化の割合は，$\frac{18-2}{6-2}=\frac{16}{4}=\boldsymbol{4}$ ← 答

「これだけは」チェック! 2 2次関数のグラフ

◉放物線の頂点と軸

2次関数 $y=a(x-p)^2+q$ のグラフは，$y=ax^2$ のグラフを

x 軸方向に p，
y 軸方向に q

だけ平行移動した放物線である。

また，この放物線の

軸は直線 $x=p$，
頂点の座標は $(p,\ q)$

である。

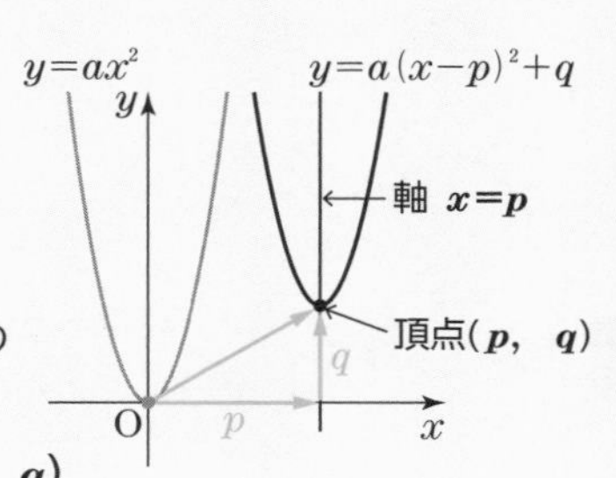

基本問題として，中学３年レベルの関数 $y=ax^2$ についての問題が出題される。また，高校１年レベルの問題として，放物線の頂点の座標を求める問題，２次不等式が出題される。

例題 放物線 $y=x^2-4x+1$ の頂点の座標を求めなさい。

解き方 $y=x^2-4x+1$ を $y=(x-p)^2+q$ の形に変形する。

$y=x^2-4x+1$
$=(x-2)^2-2^2+1$
$=(x-2)^2-3$

よって，放物線 $y=x^2-4x+1$ の頂点の座標は，

(2, −3) ← 答

放物線 $y=x^2-4x+1$ は右の図のようになるね。

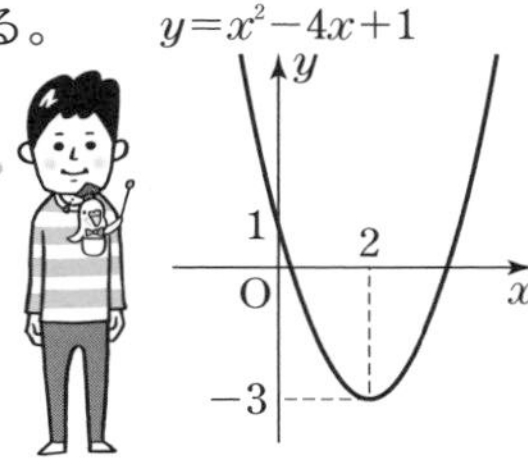

「これだけは」チェック! ③ ２次不等式の解き方

◉ ２次不等式の解

$a>0$ で，$ax^2+bx+c=0$ の実数解が α，$\beta(\alpha<\beta)$ のとき，

- **$ax^2+bx+c>0$ の解は，**
  $x<\alpha$，$\beta<x$
- **$ax^2+bx+c<0$ の解は，**
  $\alpha<x<\beta$

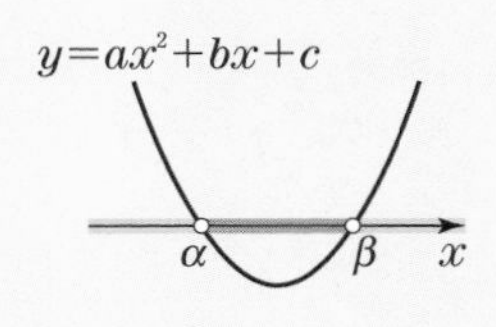

例題 次の２次不等式を解きなさい。

(1) $x^2-8x+12>0$　　(2) $x^2+2x-3<0$

解き方 (1) $x^2-8x+12=0$ を解くと，

$(x-2)(x-6)=0$
$x=2,\ 6$

$y=x^2-8x+12$ のグラフで，$y>0$ となる x の値の範囲を求めると，**$x<2$，$6<x$** ← 答

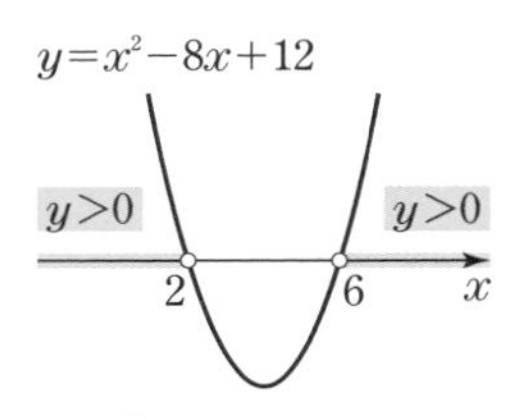

(2) $x^2+2x-3=0$ を解くと，

$(x+3)(x-1)=0$
$x=-3,\ 1$

$y=x^2+2x-3$ のグラフで，$y<0$ となる x の値の範囲を求めると，**$-3<x<1$** ← 答

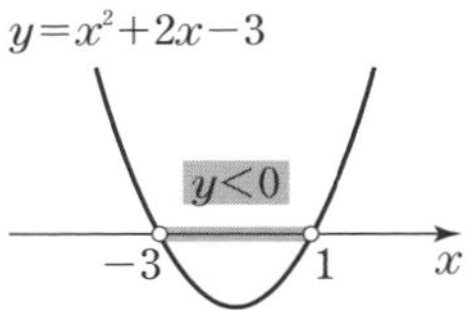

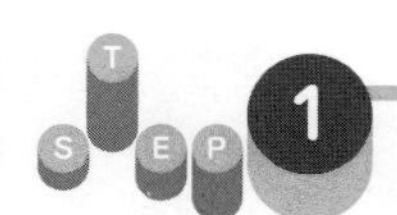

基本練習

答え：別冊16ページ

1 次の問いに答えなさい。

(1) 関数 $y=ax^2$ において，$x=2$ のとき $y=12$ です。このとき，a の値を求めなさい。

(2) 放物線 $y=ax^2$ が点 $(-3,\ 18)$ を通るとき，a の値を求めなさい。

(3) 関数 $y=x^2$ において，x の値が 1 から 3 まで増加するときの変化の割合を求めなさい。

(4) 関数 $y=-\frac{1}{2}x^2$ において，x の値が -4 から -2 まで増加するときの変化の割合を求めなさい。

(5) 関数 $y=\frac{1}{3}x^2$ において，x の変域が $3\leqq x\leqq 6$ のときの y の変域を求めなさい。

2 次の放物線の頂点の座標を求めなさい。

(1) miss $y=(x+3)^2-5$　　(2) $y=x^2-12x$

3 次の 2 次不等式を解きなさい。

(1) $(x-1)(x-5)>0$　　(2) $(x+3)(x-2)<0$

(3) $x^2-6x+8\geqq 0$　　(4) $x^2+2x-15\leqq 0$

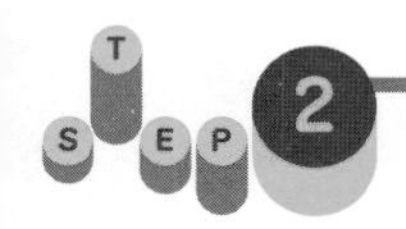

STEP 2 実戦練習

答え：別冊17ページ

1 次の問いに答えなさい。

10分

(1) y は x の2乗に比例し，$x=3$ のとき $y=-6$ です。$x=-6$ のとき，y の値を求めなさい。

(2) 関数 $y=5x^2$ において，x の値が -6 から -2 まで増加するときの変化の割合を求めなさい。

(3) 関数 $y=ax^2$ において，x の値が3から7まで増加するときの変化の割合が -15 のとき，a の値を求めなさい。

(4) 関数 $y=-\frac{1}{4}x^2$ において，x の変域が $-6 \leqq x \leqq 4$ のときの y の変域を求めなさい。

2 次の放物線の頂点の座標を求めなさい。

(1) $y=x^2-4x+7$

(2) $y=x^2+8x+14$

3 次の2次不等式を解きなさい。

(1) $x^2-9x+18>0$

(2) $x^2+3x-40<0$

(3) $2x^2-7x+3 \leqq 0$

(4) $3x^2+2x-8 \geqq 0$

(5) $x^2-4x+1<0$

(6) miss $-6x^2-x+1 \leqq 0$

5 三角比

「これだけは」チェック！ 1 三角比

◉正弦（せいげん）(サイン)
余弦（よげん）(コサイン)
正接（せいせつ）
(タンジェント)

右の図の直角三角形 ABC で，

$\sin\theta=\frac{a}{c}$（シータ）
$\cos\theta=\frac{b}{c}$
$\tan\theta=\frac{a}{b}$

まとめて **三角比** という。

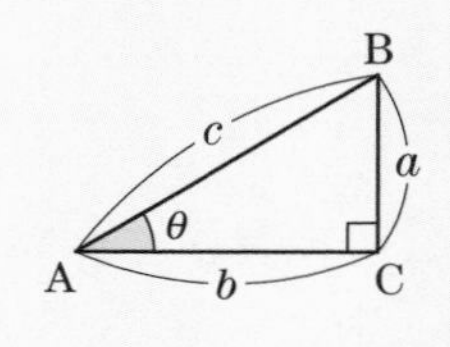

例題 次の三角比の値を求めなさい。

(1) $\sin 30°$　　(2) $\cos 30°$

解き方 1つの鋭角が30°の直角三角形の3辺の比は $1:2:\sqrt{3}$ だから，

(1) $\sin 30°=\frac{BC}{AB}=\frac{1}{2}$ ← 答

(2) $\cos 30°=\frac{AC}{AB}=\frac{\sqrt{3}}{2}$ ← 答

「これだけは」チェック！ 2 $0°\leqq\theta\leqq180°$ の三角比

◉三角比と座標平面

半径 r の半円上に点 $P(x,\ y)$ をとると，

$\sin\theta=\frac{y}{r}$　$\cos\theta=\frac{x}{r}$　$\tan\theta=\frac{y}{x}$

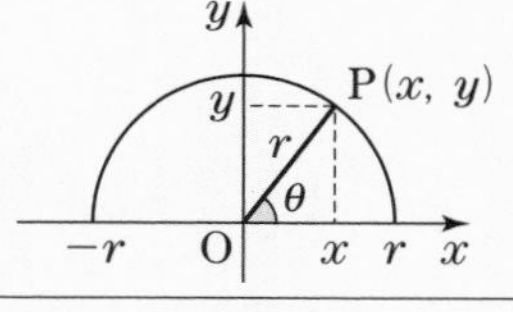

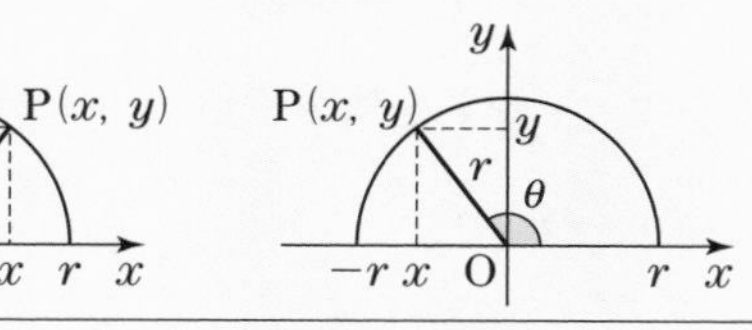

◉ $90°-\theta$ の三角比

$\sin(90°-\theta)=\cos\theta$　　$\cos(90°-\theta)=\sin\theta$

$\tan(90°-\theta)=\frac{1}{\tan\theta}$

◉ $180°-\theta$ の三角比

$\sin(180°-\theta)=\sin\theta$　　$\cos(180°-\theta)=-\cos\theta$

$\tan(180°-\theta)=-\tan\theta$

与えられた1つの三角比の値から，三角比の相互関係を利用して，残りの2つの三角比の値を求める問題が出題される。三角比の相互関係❶～❸を使いこなせるかがポイントになる。

例題 次の三角比の値を求めなさい。

(1) $\sin 120°$ (2) $\cos 120°$

解き方 右の図のように，半径 $r=2$ の半円において，$\angle AOP=120°$とする。

点Pの座標は$(-1,\ \sqrt{3})$だから，$x=-1$，$y=\sqrt{3}$

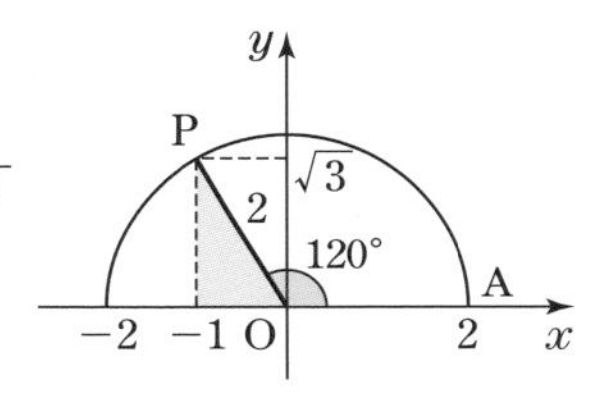

(1) $\sin 120°=\dfrac{y}{r}=\dfrac{\sqrt{3}}{2}$ ← 答

(2) $\cos 120°=\dfrac{x}{r}=-\dfrac{1}{2}$ ← 答

『これだけは』チェック! 3 三角比の相互関係

◉三角比の相互関係

❶ $\tan\theta=\dfrac{\sin\theta}{\cos\theta}$ ❷ $\sin^2\theta+\cos^2\theta=1$

❸ $1+\tan^2\theta=\dfrac{1}{\cos^2\theta}$

例題 $90°<\theta<180°$で，$\sin\theta=\dfrac{3}{4}$のとき，次の値を求めなさい。

(1) $\cos\theta$ (2) $\tan\theta$

解き方 (1) $\sin^2\theta+\cos^2\theta=1$ から， ← $(\sin\theta)^2$，$(\cos\theta)^2$，$(\tan\theta)^2$は，それぞれ $\sin^2\theta$，$\cos^2\theta$，$\tan^2\theta$ と書く。

$$\cos^2\theta=1-\sin^2\theta=1^2-\left(\frac{3}{4}\right)^2=1-\frac{9}{16}=\frac{7}{16}$$

$90°<\theta<180°$より，$\cos\theta<0$ だから，

$$\cos\theta=-\sqrt{\frac{7}{16}}=-\frac{\sqrt{7}}{4}$$ ← 答

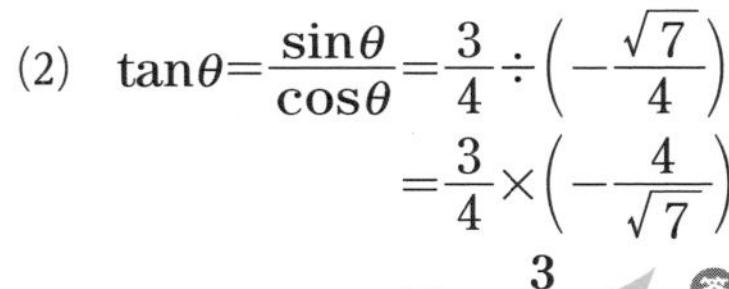

(2) $$\tan\theta=\frac{\sin\theta}{\cos\theta}=\frac{3}{4}\div\left(-\frac{\sqrt{7}}{4}\right)$$
$$=\frac{3}{4}\times\left(-\frac{4}{\sqrt{7}}\right)$$

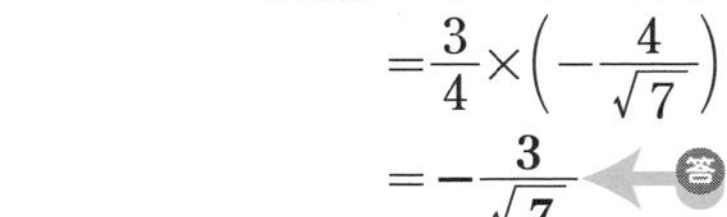

$$=-\frac{3}{\sqrt{7}}$$ ← 答 ← 分母を有理化して，$-\dfrac{3\sqrt{7}}{7}$と答えてもよい。

$90°<\theta<180°$のとき，
$\sin\theta>0$，$\cos\theta<0$，
$\tan\theta<0$

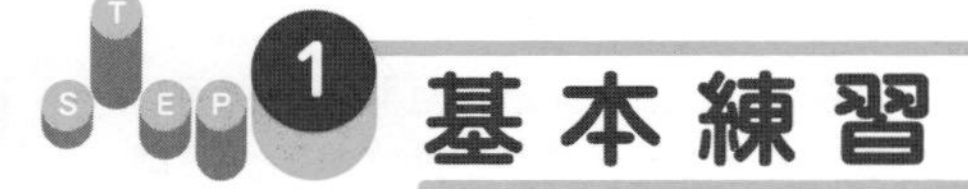

STEP 1 基本練習

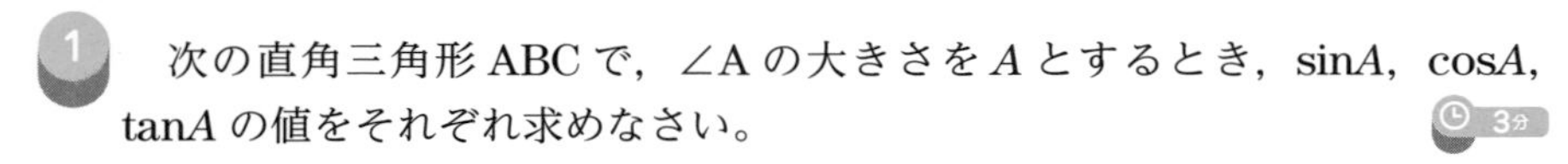

答え:別冊18ページ

1　次の直角三角形ABCで，∠Aの大きさをAとするとき，$\sin A$，$\cos A$，$\tan A$の値をそれぞれ求めなさい。　3分

(1)

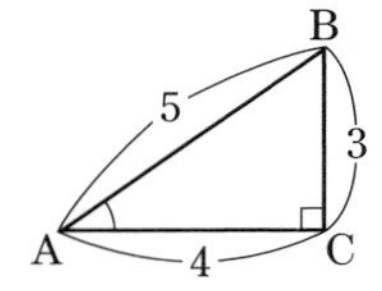

(2)

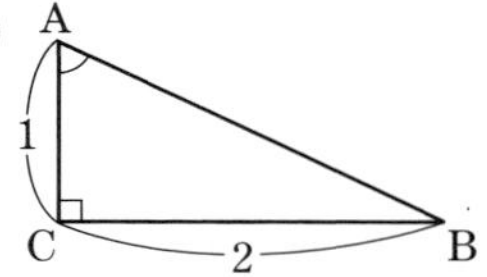

2　次の問いに答えなさい。　5分

(1)　$\sin 45°$，$\cos 45°$，$\tan 45°$の値をそれぞれ求めなさい。

(2)　$\sin 60°$，$\cos 60°$，$\tan 60°$の値をそれぞれ求めなさい。

3　次の三角比を45°以下の角の三角比で表しなさい。　3分

(1)　$\sin 54°$

(2)　$\cos 67°$

(3)　$\tan 72°$

4　$0° < \theta < 90°$で，$\sin\theta = \dfrac{2}{3}$のとき，次の値を求めなさい。　5分

(1)　$\cos\theta$

(2)　$\tan\theta$

5　$0° < \theta < 90°$で，$\cos\theta = \dfrac{3}{5}$のとき，次の値を求めなさい。　5分

(1)　$\sin\theta$

(2)　$\tan\theta$

実戦練習

答え：別冊19ページ

1 次の問いに答えなさい。

(1) $\sin 135^\circ$，$\cos 135^\circ$，$\tan 135^\circ$の値をそれぞれ求めなさい。

(2) $\sin 150^\circ$，$\cos 150^\circ$，$\tan 150^\circ$の値をそれぞれ求めなさい。

2 次の三角比を90°以下の角の三角比で表しなさい。

(1) $\sin 140^\circ$　　(2) $\cos 125^\circ$

(3) $\tan 113^\circ$

3 $0^\circ \leqq \theta \leqq 180^\circ$のとき，次の等式を満たす$\theta$の値を求めなさい。

(1) $\cos\theta=-\dfrac{1}{2}$　　(2) $\tan\theta=\dfrac{1}{\sqrt{3}}$

4 $90^\circ<\theta<180^\circ$で，$\sin\theta=\dfrac{5}{7}$のとき，次の値を求めなさい。

(1) ミス注意 $\cos\theta$　　(2) $\tan\theta$

5 $0^\circ<\theta<180^\circ$で，$\tan\theta=-2$のとき，次の値を求めなさい。

CHALLENGE チャレンジ！ (1) $\cos\theta$　　(2) $\sin\theta$

6 平面図形

「これだけは」チェック! 1 三角形と比

◉三角形と比の定理

❶ PQ∥BC ⟺ AP：PB＝AQ：QC

❷ PQ∥BC ⟺ AP：AB＝AQ：AC

❸ PQ∥BC ⟹ AP：AB＝PQ：BC

「p ならば q」を「$p \Longrightarrow q$」と書き表す。
「$p \Longrightarrow q$ かつ $q \Longrightarrow p$」を「$p \Longleftrightarrow q$」と書き表す。

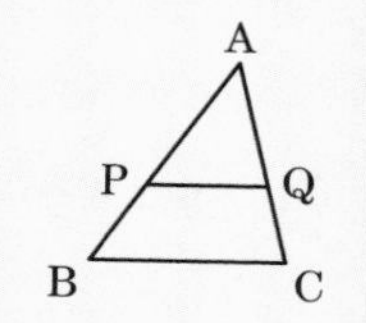

例題 右の図で，PQ∥BC のとき，x，y の値をそれぞれ求めなさい。

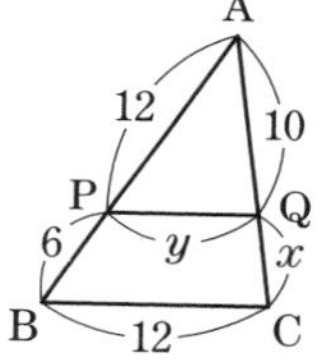

解き方 三角形と比の定理より，AP：PB＝AQ：QC

12：6＝10：x，12×x＝6×10，$\boldsymbol{x=5}$ ← 答

AP：AB＝PQ：BC，12：(12＋6)＝y：12，12×12＝18×y，$\boldsymbol{y=8}$ ← 答

「これだけは」チェック! 2 チェバの定理

◉チェバの定理

右の図のように，頂点 A，B，C と点 O を結ぶ直線が，向かい合う辺とそれぞれ点 P，Q，R で交わるとき，

$$\frac{BP}{PC}\cdot\frac{CQ}{QA}\cdot\frac{AR}{RB}=1$$

「・」は「×」と同じで，積を表す記号

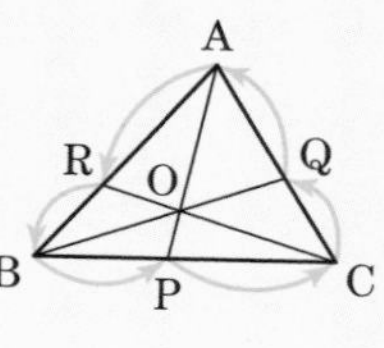

例題 右の図の △ABC において，

BP：PC＝2：3，AR：RB＝3：4

のとき，AQ：QC を求めなさい。

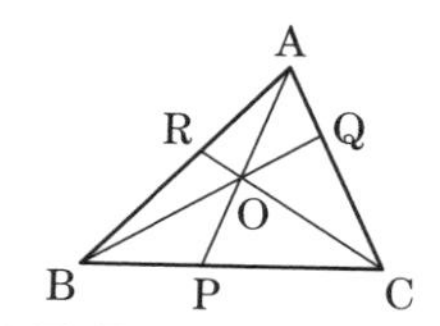

解き方 チェバの定理より，

$$\frac{2}{3}\cdot\frac{CQ}{QA}\cdot\frac{3}{4}=1,\ \frac{1}{2}\cdot\frac{CQ}{QA}=1,\ \frac{CQ}{QA}=\frac{2}{1}$$

よって，AQ：QC＝**1：2** ← 答

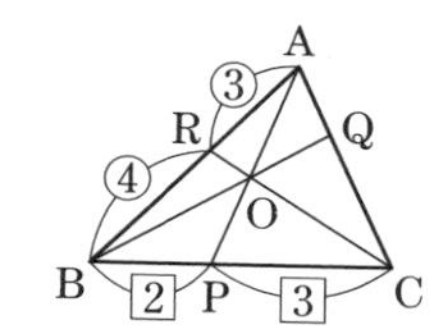

三角形と比の定理，三平方の定理，チェバの定理，方べきの定理を利用して，線分の長さを求める問題が出題される。また，円の性質を使って，角の大きさを求める問題にも慣れておこう。

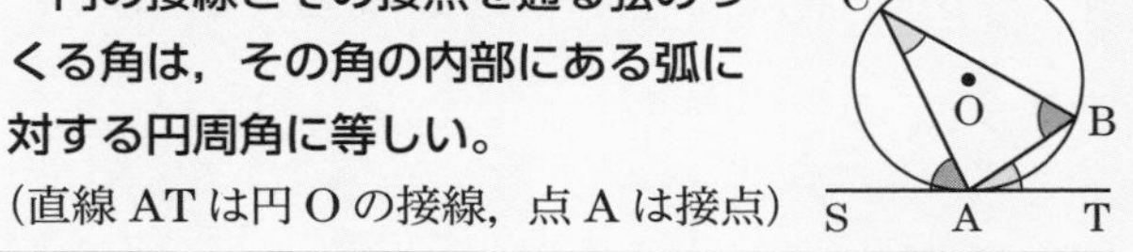

「これだけは」チェック！ 3 円

◉円に内接する四角形の定理

円に内接する四角形について，

❶対角の和は180°

❷内角は，その対角の外角に等しい。

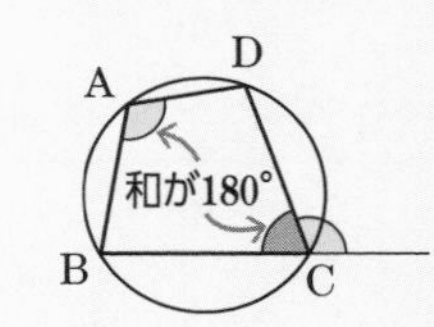

◉接線と弦のつくる角の定理（接弦定理）

円の接線とその接点を通る弦のつくる角は，その角の内部にある弧に対する円周角に等しい。

（直線ATは円Oの接線，点Aは接点）

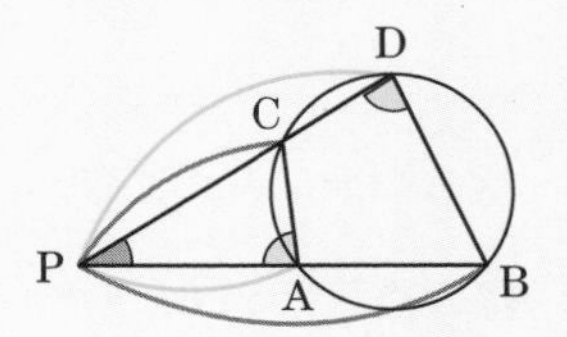

◉方べきの定理

円の2つの弦AB，CDの交点，またはそれらの延長の交点をPとすると，**PA・PB＝PC・PD**

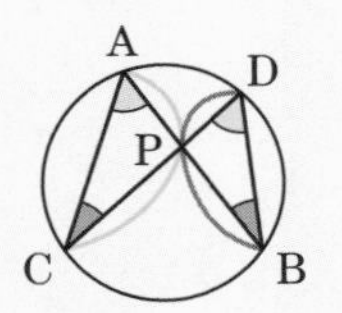

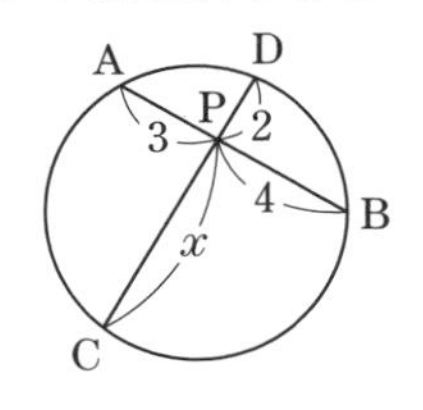

例題　(1)は $\angle x$ の大きさを求めなさい。(2)は x の値を求めなさい。

(1)　PQは接線，Bは接点

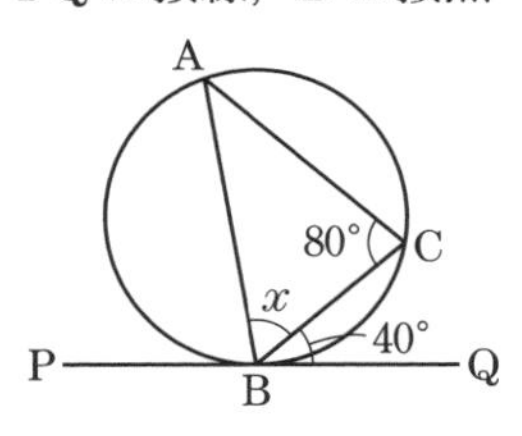

(2)

解き方

(1)　接線と弦のつくる角の定理より，$\angle BAC=\angle CBQ=40°$

$\triangle ABC$ で，三角形の内角の和は180°だから，

$\angle x=180°-(40°+80°)=$**60°** ← 答

(2)　方べきの定理より，**PA・PB＝PC・PD** だから，

$3\cdot4=x\cdot2$，$\boldsymbol{x=6}$ ← 答

1 基本練習

1 次の図の直角三角形について，x の値を求めなさい。

(1)

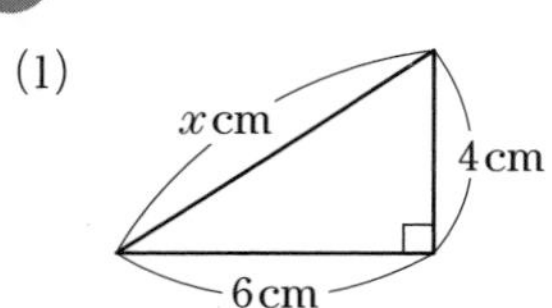

(2)

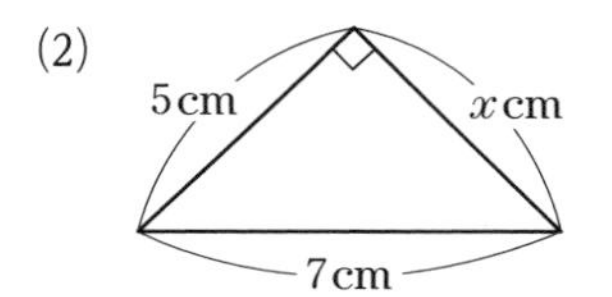

2 次の図の直角三角形について，x の値を求めなさい。

(1)

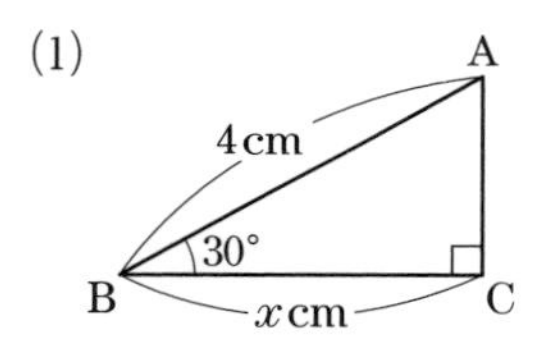

(2)

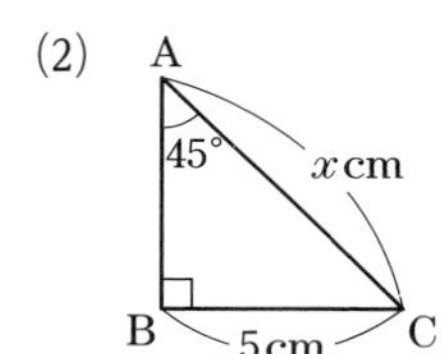

3 次の問いに答えなさい。

(1) 縦の長さが 5 cm，横の長さが 12 cm の長方形の対角線の長さを求めなさい。

(2) 縦の長さが 2 cm, 対角線の長さが $2\sqrt{5}$ cm の長方形の横の長さを求めなさい。

4 次の図について，DE // BC のとき，x の値を求めなさい。

(1)

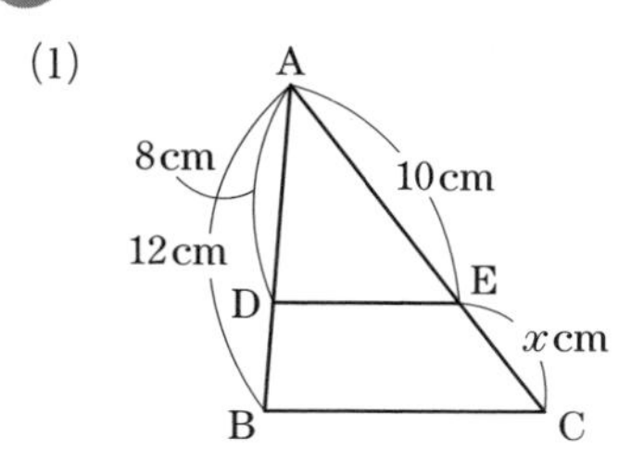

(2) miss

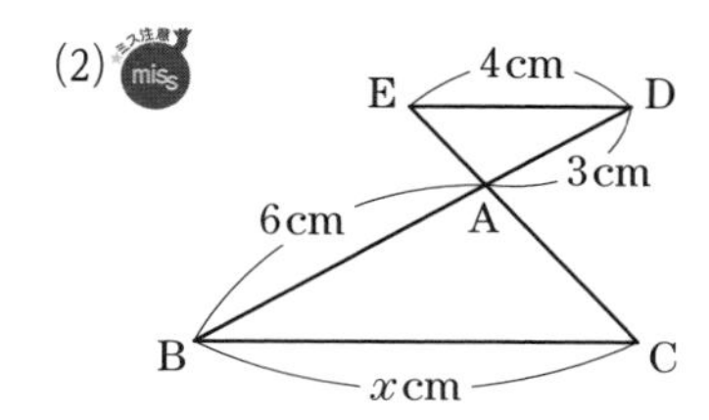

5 右の図のように，△ABC の辺 BC，CA，AB 上にそれぞれ点 P，Q，R があります。線分 AP，BQ，CR が 1 点で交わるとき，線分 PC の長さを求めなさい。 3分

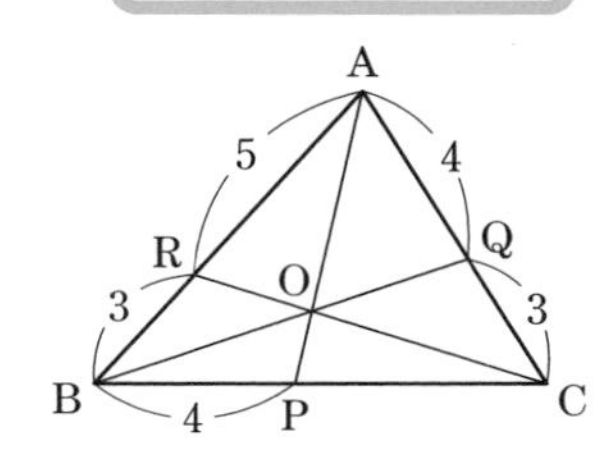

6 右の図において，3 点 A，B，C が円 O の周上にあるとき，$\angle x$ の大きさを求めなさい。 3分

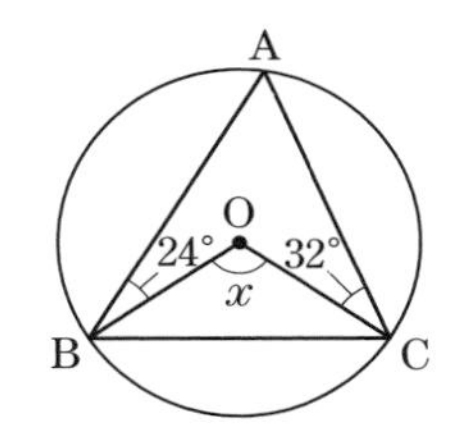

7 右の図のように，四角形 ABCD が円に内接し，$\angle$BAD＝108°，$\angle$ABC＝85°のとき，$\angle x$ の大きさを求めなさい。 3分

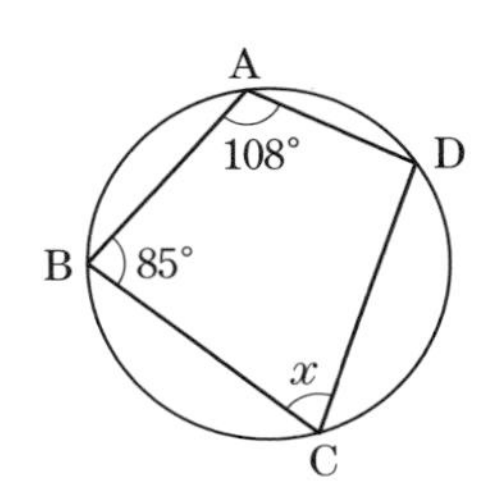

8 右の図において，直線 PT は円 O の接線で，T は接点です。点 A，B は円 O の周上にあり，AB＝AT です。$\angle$ATP＝65°のとき，$\angle x$ の大きさを求めなさい。 3分

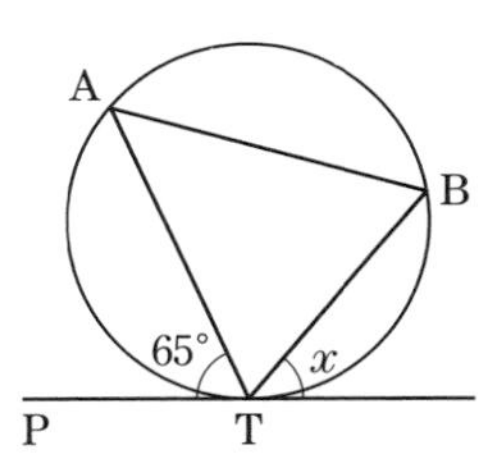

9 次の図において，x の値を求めなさい。ただし，AB と CD は円の弦です。 5分

(1)

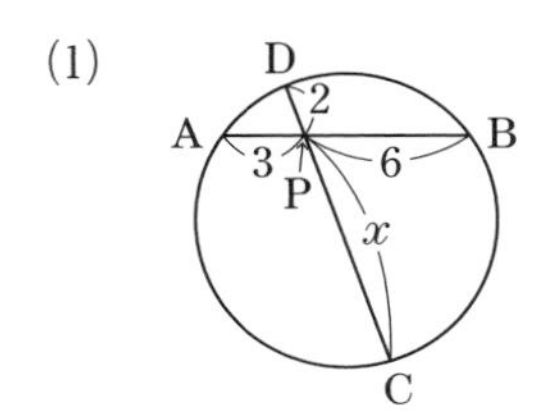

(2) miss

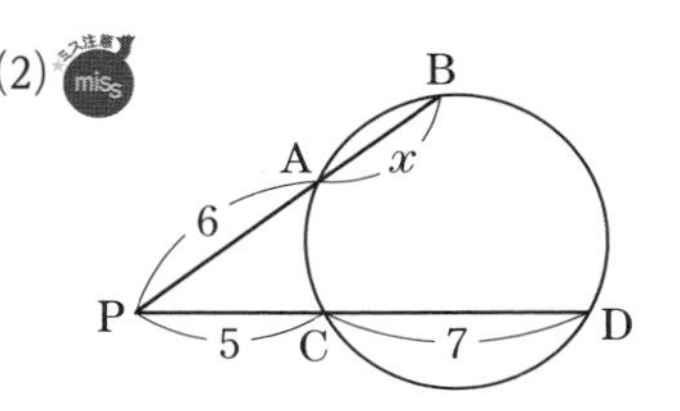

1 次の問いに答えなさい。 5分

(1) 1辺が 6 cm の正三角形の高さを求めなさい。

(2) 右の図において，直線 PT は円 O の接線で，T は接点です。円 O の半径が 3 cm，PO＝9 cm のとき，線分 PT の長さを求めなさい。

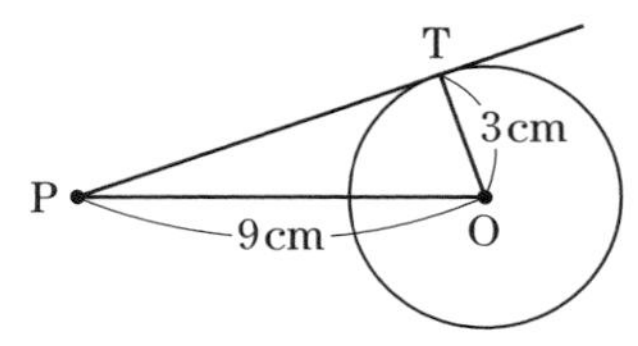

2 右の図において，$\ell /\!/ m$ かつ $m /\!/ n$ のとき，x，y の値をそれぞれ求めなさい。 5分

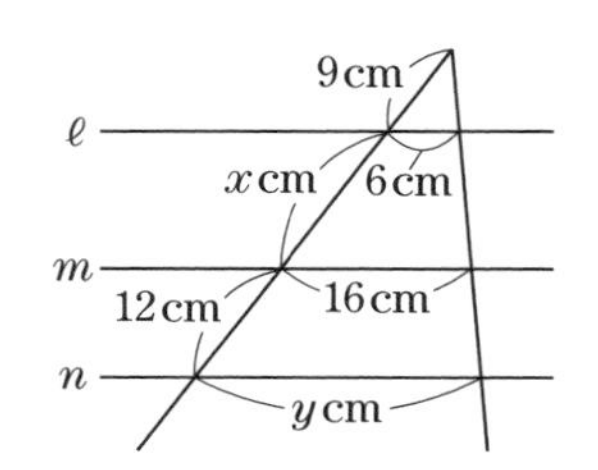

3 右の図の △ABC において，3 つの線分 AE，BF，CD は 1 点で交わっています。

AD：AB＝5：9，AF：AC＝3：5 のとき，BE：BC を求めなさい。 5分

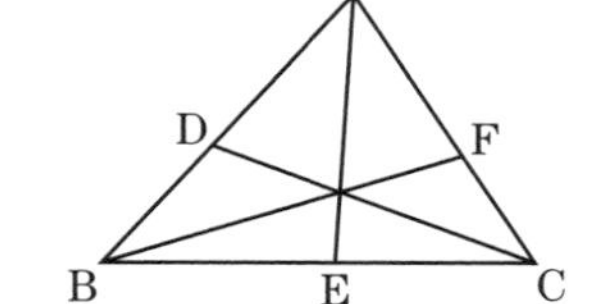

4 右の図の △ABC において，2 つの線分 AE，CD は点 P で交わっています。

CHALLENGE チャレンジ!

AD：BD＝3：4，BE：CE＝2：3 のとき，AP：EP を求めなさい。

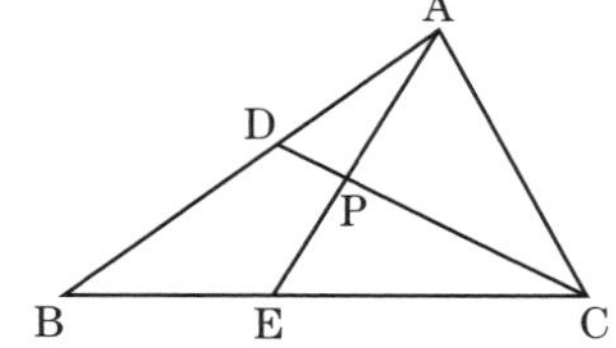

5 右の図において，3点A，B，Cが円Oの周上にあるとき，$\angle x$の大きさを求めなさい。 3分

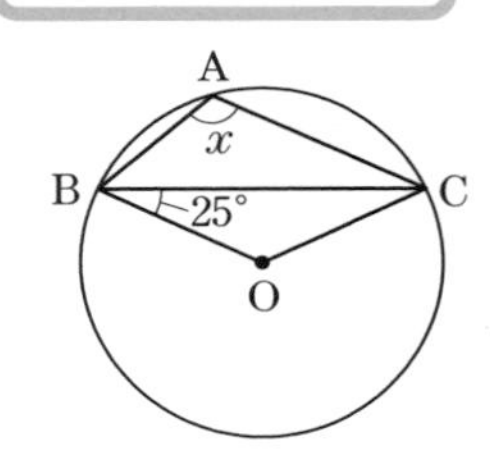

6 右の図のように，四角形ABCDが円に内接し，BCは円Oの直径です。$\angle DBC=30°$のとき，$\angle x$の大きさを求めなさい。 3分

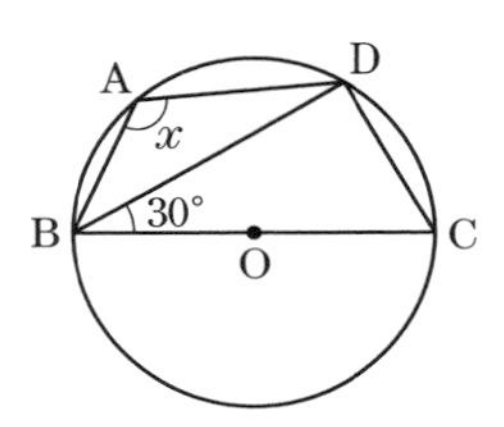

7 右の図において，直線ATは円Oの接線で，Aは接点です。点B，Cは円Oの周上にあり，$\overparen{AB}:\overparen{AC}=2:3$です。$\angle BAT=40°$のとき，$\angle x$の大きさを求めなさい。 3分

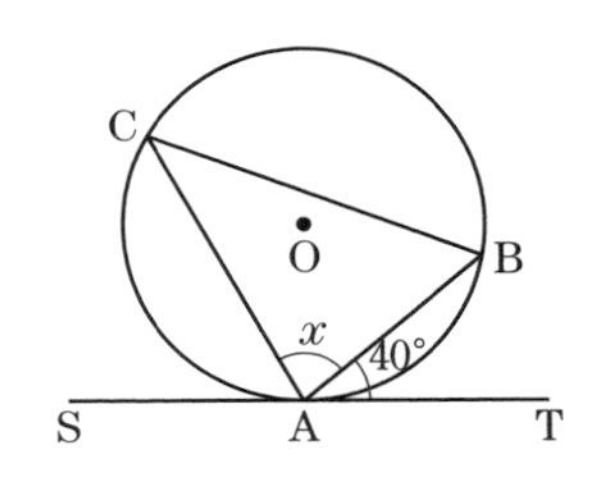

8 右の図において，AP＝2，AB＝5，DP＝1です。このとき，線分CDの長さを求めなさい。ただし，ABとCDは円の弦です。 3分

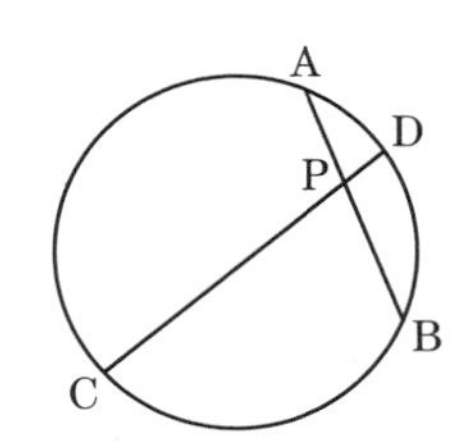

CHALLENGE チャレンジ！

9 右の図のように，四角形ABCDが円に内接し，対角線ACとBDの交点をPとします。AP＝6，PC＝4，BP：PD＝4：3であるとき，線分BDの長さを求めなさい。 3分

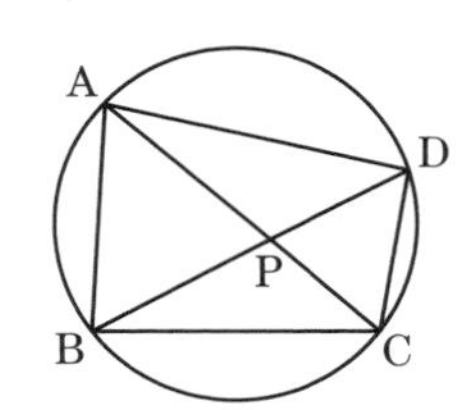

7 順列と組合せ

『これだけは』チェック! 1 順列

◉順列

異なる n 個のものから異なる r 個を取り出して1列に並べたものを，**n 個から r 個取る**順列といい，その総数を $_nP_r$ で表す。

◉順列の総数

$$_nP_r = \underbrace{n(n-1)(n-2)\cdots\cdots(n-r+1)}_{r\text{個}}$$

◉階乗

1から n までのすべての自然数の積を **n の階乗**といい，$n!$ で表す。

$$_nP_n = n! = n(n-1)(n-2)\cdots\cdots3\cdot2\cdot1$$

例題 次の値を求めなさい。

(1) $_6P_4$　　(2) $5!$

解き方

(1) $_6P_4 = \underbrace{6\cdot5\cdot4\cdot3}_{4\text{個}} = 360$ ← 答

(2) $5! = 5\cdot4\cdot3\cdot2\cdot1 = 120$ ← 答　←1から5までの自然数の積

『これだけは』チェック! 2 組合せ

◉組合せ

異なる n 個のものから異なる r 個を取り出して，順序を考えないで1組にしたものを，**n 個から r 個取る**組合せといい，その総数を $_nC_r$ で表す。

◉組合せの総数

$$_nC_r = \frac{_nP_r}{r!} = \frac{\overbrace{n(n-1)(n-2)\cdots\cdots(n-r+1)}^{r\text{個}}}{\underbrace{r(r-1)\cdots\cdots3\cdot2\cdot1}_{r\text{個}}}$$

◉ $_nC_r$ の性質

n 個のものから r 個を取り出すことは，あとに残す $(n-r)$ 個のものを選ぶことでもあるから，$_nC_r = {}_nC_{n-r}$

場合の数を求めるのに，中学では樹形図や表などを用いて数え上げたが，高校では，順列は $_{n}P_{r}$ の公式，組合せは $_{n}C_{r}$ の公式を用いて求める。これらの公式の使い方をしっかり理解しておこう。

次の値を求めなさい。

(1) $_{9}C_{3}$　　(2) $_{10}C_{7}$

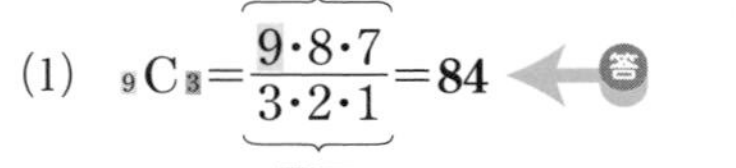

(1) $_{9}C_{3}=\dfrac{\overbrace{9\cdot 8\cdot 7}^{3\text{個}}}{\underbrace{3\cdot 2\cdot 1}_{3\text{個}}}=\mathbf{84}$ ← 答

(2) $_{10}C_{7}={}_{10}C_{3}=\dfrac{10\cdot 9\cdot 8}{3\cdot 2\cdot 1}=\mathbf{120}$ ← 答　← $_{n}C_{r}={}_{n}C_{n-r}$

$_{10}C_{7}$ のまま計算するよりも，$_{10}C_{3}$ として計算したほうがカンタンだね。

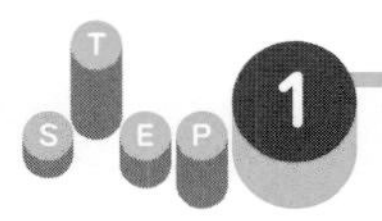

基本練習

答え：別冊24ページ

1 次の値を求めなさい。

(1) $_{5}P_{3}$　　(2) $_{8}P_{3}$

(3) $_{10}P_{4}$　　(4) $_{7}P_{5}$

(5) $4!$　　(6) $6!$

2 次の値を求めなさい。

(1) $_{8}C_{2}$　　(2) $_{9}C_{4}$

(3) $_{7}C_{1}$　　(4) $_{6}C_{6}$

(5) $_{10}C_{6}$　　(6) $_{15}C_{12}$

STEP 2 実戦練習

答え：別冊25ページ

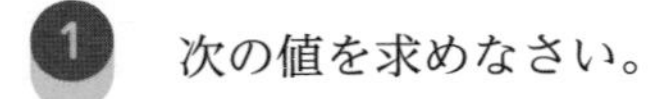

1 次の値を求めなさい。

(1) $\dfrac{9!}{6!}$　　(2) $\dfrac{7!}{3!4!}$

(3) $\dfrac{10!}{4!6!}$　　(4) $\dfrac{12!}{8!4!}$

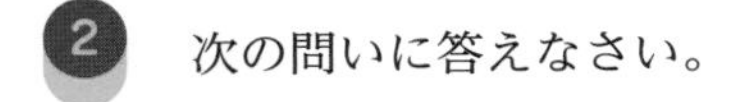

2 次の問いに答えなさい。

(1) 7人の生徒の中から，委員長と副委員長と書記を1人ずつ選ぶとき，選び方は何通りありますか。

(2) 10人の生徒の中から，委員を3人選ぶとき，選び方は何通りありますか。

3 （ミス注意 miss）0，1，2，3，4，5の6個の数字の中から異なる4個を選び並べて，4けたの整数を作ります。4けたの整数は何個作れますか。（3分）

4 男子2人と女子5人が1列に並びます。両端が男子になるような並び方は何通りありますか。（3分）

5 10チームで1試合ずつの総当たり戦を行います。試合数は全部で何試合になりますか。（3分）

（CHALLENGE チャレンジ！）**6** 男子5人の中から3人，女子6人の中から4人を選んで7人の組を作ります。7人の選び方は何通りありますか。（3分）

➊次 ➋次

第2章

数理技能検定［❷次］【対策編】

式の計算／実数の応用

例題❶ 根号の中の数を求める

n を正の整数とします。

(1) $\sqrt{540n}$ が整数となるような n の最小値を求めなさい。

(2) $3.5<\sqrt{n}<4.5$ を満たす n の値をすべて求めなさい。

(3) $\sqrt{n}$ の整数部分が 5 になる n の個数を求めなさい。

解き方

(1) $540n$ が自然数の 2 乗になるような最小の正の整数を求める。

540 を素因数分解すると，

$540=2^2\times3^3\times5$

これより，$540n=2^2\times3^3\times5\times n$

よって，$n=3\times5$ のとき，

$540n=2^2\times3^4\times5^2=(2\times3^2\times5)^2$

となり，$540n$ は自然数の 2 乗になる。

したがって，最小の正の整数 n は，

$3\times5=$ **15** ← 答

2) 540
2) 270
3) 135
3) 45
3) 15
5

(2) $0<a<b$ ならば，$\sqrt{a}<\sqrt{b}$ を利用する。

$3.5=\sqrt{3.5^2}=\sqrt{12.25}$，$4.5=\sqrt{4.5^2}=\sqrt{20.25}$

よって，$\sqrt{12.25}<\sqrt{n}<\sqrt{20.25}$

したがって，$12.25<n<20.25$

この不等式を満たす正の整数 n は，

13，14，15，16，17，18，19，20 ← 答

2 乗しても大小関係は
変わらないから，
$3.5^2<(\sqrt{n})^2<4.5^2$
$12.25<n<20.25$
と考えることもできるよ。

(3) $\sqrt{n}$ の整数部分が 5 だから，

$5\leqq\sqrt{n}<6$

$5=\sqrt{5^2}=\sqrt{25}$，$6=\sqrt{6^2}=\sqrt{36}$

よって，$\sqrt{25}\leqq\sqrt{n}<\sqrt{36}$

したがって，$25\leqq n<36$

この不等式を満たす正の整数 n は，25，26，…，35

以上から，n の個数は，$35-25+1=$ **11 (個)** ← 答

根号の中の正の整数 n の値を求める問題がよく出題される。根号の中の数をある自然数の2乗にする方法や，根号のついた数と不等号の関係をしっかり理解しておこう。

例題❷ 式の値

$x=\sqrt{5}+2$，$y=\sqrt{5}-2$ のとき，x^3y+xy^3 の値を求めなさい。

解き方

x^3y+xy^3 のように，文字 x と y を入れかえても，もとの式と同じになる多項式を**対称式**という。また，$x+y$，xy を**基本対称式**という。対称式は基本対称式で表すことができる。

まずはじめに，$x+y$，xy の値を求める。

$x+y=(\sqrt{5}+2)+(\sqrt{5}-2)=2\sqrt{5}$

$xy=(\sqrt{5}+2)(\sqrt{5}-2)=(\sqrt{5})^2-2^2=5-4=1$

次に，x^2+y^2 の値を求める。

$x^2+y^2=(x+y)^2-2xy$ ← $x^2+y^2=x^2+2xy+y^2-2xy$

$=(2\sqrt{5})^2-2\times1=20-2=18$

よって，$x^3y+xy^3=xy(x^2+y^2)=1\times18=\mathbf{18}$ ← 答

例題❸ 文字式の計算を利用する証明

連続する3つの整数について，真ん中の数の2乗から1をひいた数は，残りの2つの数の積に等しくなります。このことを，文字式の計算を用いて証明しなさい。

解き方

問題文の中の数量を文字式で表し，文字式の計算をして，2つの数量が等しいことを導く。

【証明】 n を整数として，連続する3つの整数は，n，$n+1$，$n+2$ と表せる。

真ん中の数の2乗から1をひいた数は，

$(n+1)^2-1=n^2+2n+1-1=n^2+2n$

残りの2つの数の積は，

$n(n+2)=n^2+2n$

よって，真ん中の数の2乗から1をひいた数は，残りの2つの数の積に等しい。

連続する3つの整数を，
$n-1$，n，$n+1$
とおいてもいいよ。

基本練習

答え:別冊26ページ

次の式を，くふうして計算しなさい。

(1)　96^2　　(2)　33^2-27^2

(3)　2005×1995　　(4)　$(10^2+1)(10-1)(10+1)$

次の問いに答えなさい。

(1)　等式$\sqrt{3}-\sqrt{x}=-\sqrt{48}$を満たす$x$の値を求めなさい。ただし，$x\geqq0$とします。

(2)　$\sqrt{21-n}$が整数になるような正の整数nの値をすべて求めなさい。

(3)　$\sqrt{90n}$が整数になるような正の整数nの最小値を求めなさい。

(4)　$\dfrac{3}{2}<\sqrt{n}<2.5$を満たす正の整数$n$の値をすべて求めなさい。

3　次の問いに答えなさい。

(1)　$x=17.75$，$y=12.25$のとき，x^2-y^2の値を求めなさい。

(2)　$x=-\dfrac{2}{7}$のとき，$(x+7)(x+12)-(x-8)^2$の値を求めなさい。

(3)　$x+y=5$のとき，$x^2+y^2+3xy-(x+1)(y+1)$の値を求めなさい。

4 $x=3+\sqrt{7}$，$y=3-\sqrt{7}$ のとき，次の値を求めなさい。

(1) x^2+y^2

(2) $\dfrac{x}{y}+\dfrac{y}{x}$

5 次の数の正の約数の個数を求めなさい。

(1) 200

(2) 720

6 次の問いに答えなさい。

(1) 108 と 144 の最大公約数を求めなさい。

(2) 270 と 300 の最小公倍数を求めなさい。

7 3けたの整数 64□が，3 の倍数であり 4 の倍数でもあるとき，□にあてはまる数を求めなさい。

8 連続する 2 つの整数について，大きいほうの数の 2 乗から小さいほうの数の 2 乗をひいた差は，もとの 2 つの数の和に等しくなることを証明しなさい。

9 連続する 2 つの奇数の 2 乗の差は，8 の倍数になることを証明しなさい。

10 一の位が 0 でない 2 けたの正の整数 A があります。A の十の位の数と一の位の数を入れかえてできる正の整数を B とします。A−B が 9 の倍数になることを証明しなさい。ただし，A>B とします。

STEP 2 実戦練習

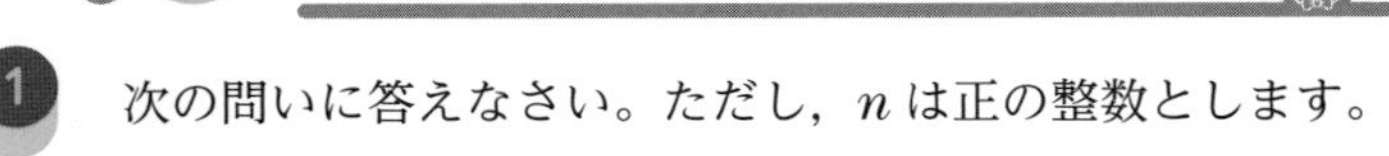

答え：別冊28ページ

1 次の問いに答えなさい。ただし，n は正の整数とします。 10分

(1) $\sqrt{49-3n}$ が整数になるような n の値をすべて求めなさい。

(2) $\sqrt{\dfrac{468}{n}}$ が整数になるような n の値をすべて求めなさい。

CHALLENGE チャレンジ！ (3) $\sqrt{n^2-75}$ が整数になるような n の値をすべて求めなさい。

(4) $3 \leqq \sqrt{n} \leqq 5$ を満たす n の値は何個ありますか。

(5) $\dfrac{7}{3} < \sqrt{n} < \dfrac{15}{4}$ を満たす n の値は何個ありますか。

2 次の問いに答えなさい。

(1) $x=\dfrac{\sqrt{7}+\sqrt{5}}{2}$，$y=\dfrac{\sqrt{7}-\sqrt{5}}{2}$ のとき，$\dfrac{x}{y}+\dfrac{y}{x}$ の値を求めなさい。

(2) $x=\dfrac{1}{\sqrt{3}+\sqrt{2}}$，$y=\dfrac{1}{\sqrt{3}-\sqrt{2}}$ のとき，x^4-y^4 の値を求めなさい。

(3) $\sqrt{17}$ の整数部分を x，小数部分を y とするとき，x^2-xy+y^2 の値を求めなさい。

3 次の問いに答えなさい。 12分

(1) $\dfrac{56}{45}$ をかけても，$\dfrac{88}{75}$ をかけても正の整数になる正の分数のうち，最小のものを求めなさい。

(2) ミス注意 miss 2つの正の整数 a，b の和が108，最大公約数が12であるとき，a，b の組をすべて求めなさい。ただし，$a<b$ とする。

(3) 最大公約数が8，最小公倍数が240である2つの正の整数 a，b の組をすべて求めなさい。ただし，$a<b$ とする。

4 連続する2つの偶数の積に1を加えた数は，その2つの偶数の間にある奇数の2乗に等しくなることを証明しなさい。 5分

5 連続する4つの整数について，もっとも大きい数と2番目に大きい数の積からもっとも小さい数と2番目に小さい整数の積をひいた数は，これらの連続する4つの整数の和に等しくなることを証明しなさい。 5分

CHALLENGE チャレンジ!

6 右の表は，「かけ算九九の表」の一部です。表中の [2]，[6]，[12] のように，斜めに並んだ3つの整数の組について，上から順に a，b，c とするとき，$a+c-2b$ は常に一定の値をとります。

このことを，a のかけられる数を x，かける数を y として証明しなさい。また，その一定の値を求めなさい。 5分

かける数

かけられる数	1	2	3	4	5
1	1	2	3	4	5
2	[2]	4	6	8	10
3	3	[6]	9	12	15
4	4	8	[12]	16	20
5	5	10	15	20	25

❷次 数理技能

方程式・不等式の応用

例題① 2次方程式の文章題

1辺が x cm の正方形があります。この正方形の縦の長さを2cm，横の長さを3cm長くして長方形をつくります。長方形の面積がもとの正方形の面積の2倍になるとき，x の値を求めなさい。

解き方

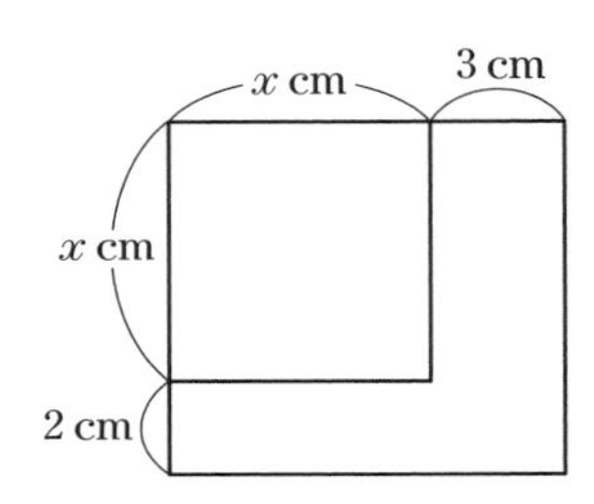

正方形の面積は，x^2 cm^2

長方形の面積は，$(x+2)(x+3)$ cm^2

長方形の面積がもとの正方形の面積の2倍になるから，$2x^2=(x+2)(x+3)$

これを解くと，

$2x^2=x^2+5x+6$，$x^2-5x-6=0$，

$(x+1)(x-6)=0$，$x=-1$，6

$x>0$ だから，$x=-1$ は問題に合わない。 ←解の検討

よって，$\boldsymbol{x=6}$ **(cm)** ←答

例題② 2次方程式の実数解と定数の範囲

2次方程式 $x^2+(a+3)x+a+6=0$ が異なる2つの実数解をもつとき，定数 a のとり得る値の範囲を求めなさい。

解き方

判別式 D を a を用いて表し，$D>0$ となる a の値の範囲を求める。

2次方程式 $x^2+(a+3)x+a+6=0$ の判別式を D とすると，

$D=(a+3)^2-4\cdot1\cdot(a+6)=a^2+6a+9-4a-24=a^2+2a-15$

異なる2つの実数解をもつのは，$D>0$ のときだから，

$a^2+2a-15>0$

$(a+5)(a-3)>0$

$\boldsymbol{a<-5,\ 3<a}$ ←答

$a>0$ で，$ax^2+bx+c=0$ の実数解が α，$\beta(\alpha<\beta)$ のとき，
$ax^2+bx+c>0$ の解は，$x<\alpha$，$\beta<x$
$ax^2+bx+c<0$ の解は，$\alpha<x<\beta$

2次方程式の文章題では，平面図形や空間図形の辺の長さを求める問題がよく出題されている。図形の線分の長さを x cm とおいて，面積や体積を x を用いた式で表すことがポイント。

STEP 1 基本練習

答え：別冊31ページ

1 次の2次方程式の実数解の個数を求めなさい。

5分

(1) $3x^2-5x+4=0$

(2) $2x^2+7x+5=0$

(3) $9x^2-2x+\frac{1}{9}=0$

2 次の問いに答えなさい。 10分

(1) 差が7，積が120である2つの正の整数があります。この2つの整数を求めなさい。

(2) 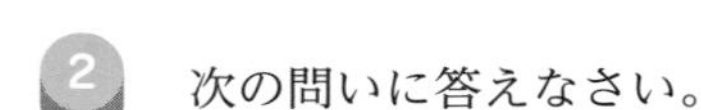 連続する2つの整数があり，それぞれの数を2乗した和が113になります。この2つの整数を求めなさい。

3 縦の長さが15 cm，横の長さが12 cmの長方形があります。この長方形の縦の長さを x cm短くし，横の長さを x cm長くした長方形の面積が170 cm^2 であるとき，x の値を求めなさい。ただし，$0<x<15$ とします。

3分

4 1辺が x cmの正方形があります。この正方形の縦の長さを10 cm長くし，横の長さを2 cm短くして長方形をつくります。長方形の面積がもとの正方形の面積の2倍より260 cm^2 小さくなるとき，x の値を求めなさい。 3分

5 1個400円のケーキと1個250円のプリンを合わせて12個買い，150円の箱に詰めます。代金の合計を4000円以下にするとき，ケーキは最大何個買えるか求めなさい。 3分

STEP 2 実戦練習

答え：別冊32ページ

1 次の問いに答えなさい。

(1) x についての方程式 $x^2-ax+a+5=0$ の1つの解が3であるとき，a の値と他の解を求めなさい。

(2) x についての方程式 $x^2+ax+b=0$ の2つの解が -2 と6であるとき，a，b の値を求めなさい。

2 次の問いに答えなさい。

(1) x についての方程式 $x^2+(a-4)x+7-a=0$ が異なる2つの実数解をもつとき，定数 a のとり得る値の範囲を求めなさい。

(2) x についての方程式 $x^2+(a+2)x+2a+9=0$ が重解をもつとき，定数 a の値を求めなさい。また，そのときの重解を求めなさい。

3 ある数 x に3を加えてから2乗するところを，誤って x に3を加えてから2倍したため，計算の結果が80小さくなりました。x の値を求めなさい。

4 底辺が6 cm，高さが x cm の三角形を底面とし，高さが $(x+7)$ cm である三角錐があります。この三角錐の体積が120 cm^3 のとき，x の値を求めなさい。

3分

5 右の図のような1辺が10 cm の正方形ABCDがあります。点P，Qはそれぞれ辺AB，BC上の点で，AP＝BQです。△PBQの面積が12 cm^2 となるとき，線分APの長さを求めなさい。

3分

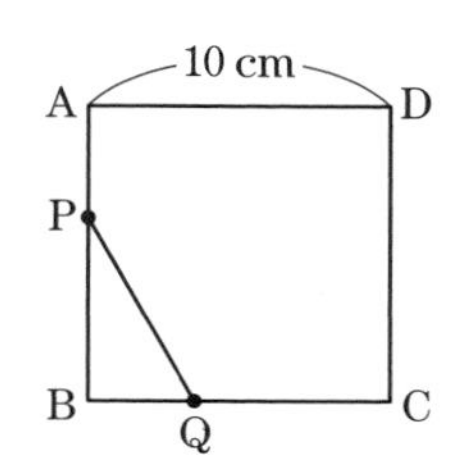

6 縦が 18 m，横が 24 m の長方形の形をした土地があります。この土地に，右の図のように縦に 2 本，横に 1 本同じ幅の道を作り，残りの部分を花だんにします。花だんの面積が 320 m^2 となるようにするには，道幅を何 m にすればよいか求めなさい。 3分

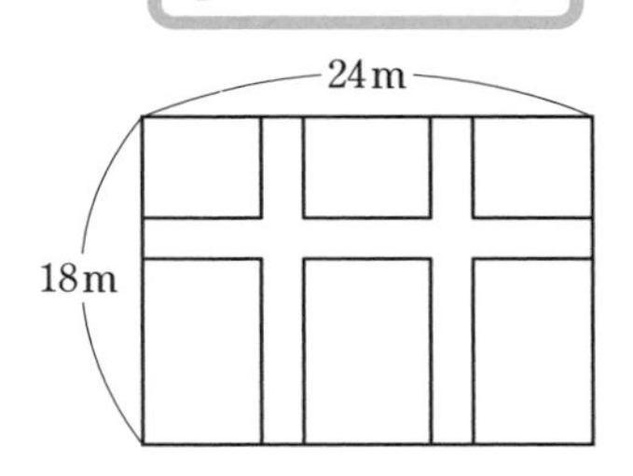

7 右の図のような縦と横の長さの比が 1：2 の長方形の形をした厚紙があります。この厚紙の 4 すみから 1 辺が 3 cm の正方形を切り取って折り曲げ，ふたのない箱を作ったところ，その容積は 528 cm^3 になりました。もとの長方形の厚紙の縦の長さを求めなさい。

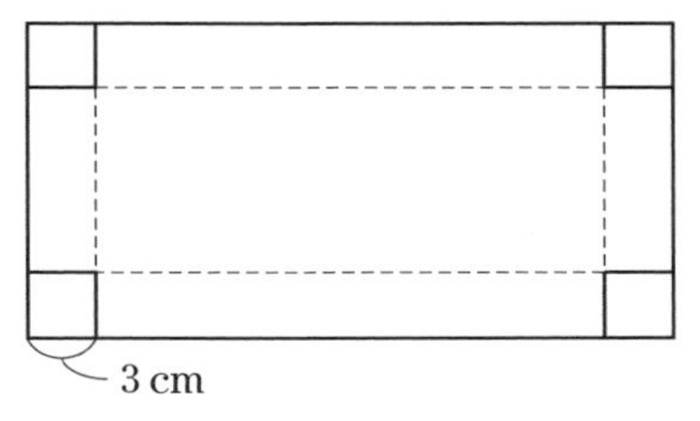

8 A さんは家から 800 m 離れた駅まで行きました。家を出発してはじめは分速 70 m で歩き，途中から分速 90 m で歩いたところ，かかった時間は全体で 10 分以内でした。分速 90 m で歩いた道のりは何 m 以上ですか。 3分

9 ある美術館の入館料は，20 人以上 40 人未満のときには 2 割引き，40 人以上のときには 2 割 5 分引きの団体料金が適用できます。このとき，次の問いに答えなさい。 5分

(1) 20 人未満でも，20 人の団体としたほうが入館料が安くなるのは，何人以上のときですか。

(2) 20 人以上 40 人未満の団体のとき，40 人の団体としたほうが入館料が安くなるのは，何人以上のときですか。

2次関数の応用

例題① 2次関数の最大値・最小値

a を定数とします。2次関数 $y=x^2-4x+a$ について，$0 \leqq x \leqq 5$ における y の最大値が8であるとき，次の問いに答えなさい。

(1) a の値を求めなさい。

(2) このときの最小値を求めなさい。

解き方

(1) $y=x^2-4x+a$ を $y=k(x-p)^2+q$ の形に変形すると，

$$y=x^2-4x+a$$
$$=(x-2)^2+a-4$$

$x^2-4x+4-4+a$

よって，2次関数 $y=x^2-4x+a$ のグラフは，

下に凸で，軸は直線 $x=2$

x の値が軸から遠くなるほど y の値は大きくなるから，$0 \leqq x \leqq 5$ では，$x=5$ のとき y は最大値をとる。

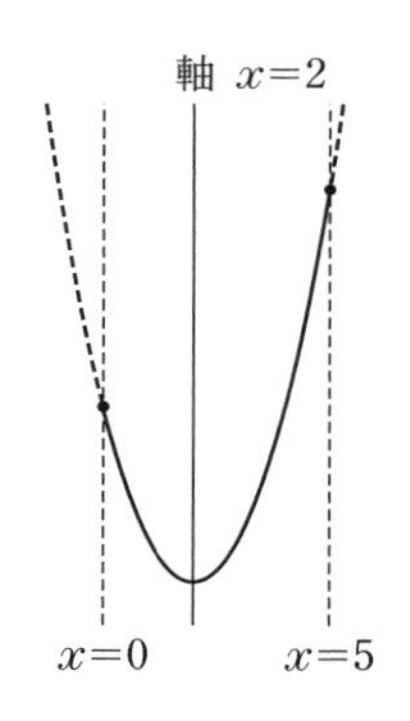

$x=5$ のとき，

$$y=5^2-4\times5+a=a+5$$

最大値は8だから，

$$a+5=8$$

$$\boldsymbol{a=3}$$ ← 答

(2) (1)より，2次関数の式は，$y=x^2-4x+3$

この2次関数は，$x=2$ のとき，最小値をとる。

したがって，最小値は，

$$y=2^2-4\times2+3=\boldsymbol{-1}$$ ← 答

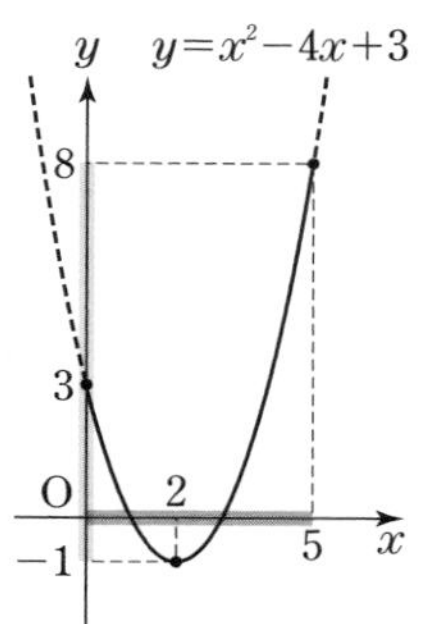

例題② 2次関数の式の決定

頂点が点$(1,\ -3)$で，点$(-1,\ 9)$を通る放物線をグラフにもつ2次関数を求めなさい。

2次関数の最大値・最小値を求める問題や，最大値・最小値から式の中の定数を求める問題がよく出題される。また，2次関数のグラフと x 軸の共有点の個数についても理解を深めておこう。

解き方　頂点が点(1，−3)だから，求める2次関数は，

$y=a(x-1)^2-3$

と表せる。

グラフが点(−1，9)を通るから，

$9=a(-1-1)^2-3$

$9=4a-3$

$-4a=-12$

$a=3$

よって，求める2次関数は，

$\boldsymbol{y=3(x-1)^2-3}$ ← 答　⟵ $y=3x^2-6x$ としてもよい。

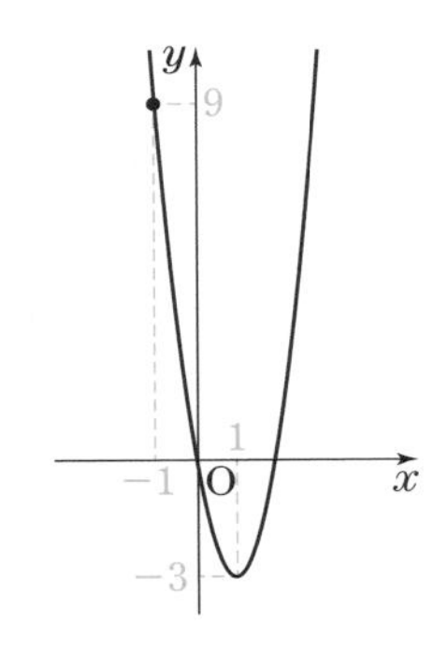

例題❸ 2次関数のグラフと x 軸の共有点

a を定数とします。2次関数 $y=x^2+(a+2)x+3a+6$ のグラフが x 軸と共有点をもつとき，a のとり得る値の範囲を求めなさい。

解き方　2次関数 $y=ax^2+bx+c$ のグラフと x 軸との位置関係は，2次方程式 $ax^2+bx+c=0$ の判別式 $D=b^2-4ac$ の符号によって，右のようになる。

> ❶ $D>0 \Longleftrightarrow$ 異なる2点で交わる。
> ❷ $D=0 \Longleftrightarrow$ 接する。
> ❸ $D<0 \Longleftrightarrow$ 共有点をもたない。

2次方程式 $x^2+(a+2)x+3a+6=0$ の判別式を D とすると，

$D=(a+2)^2-4\cdot1\cdot(3a+6)$

$=a^2+4a+4-12a-24$

$=a^2-8a-20$

グラフが x 軸と共有点をもつのは，$D\geqq0$ のときだから，

$a^2-8a-20\geqq0$

$(a+2)(a-10)\geqq0$

$\boldsymbol{a\leqq-2,\ 10\leqq a}$ ← 答

グラフが共有点をもつのは，グラフが x 軸と異なる2点で交わる場合と，接する場合だね。

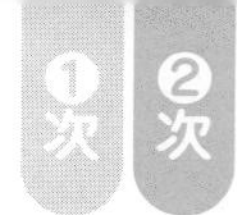

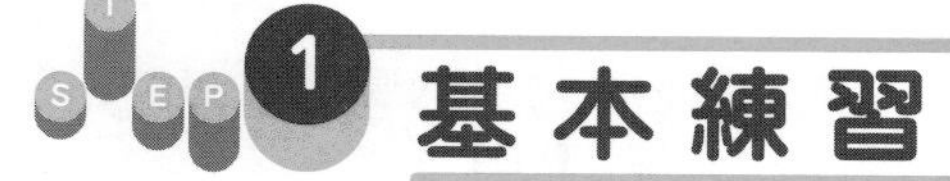

STEP 1 基本練習

答え：別冊34ページ

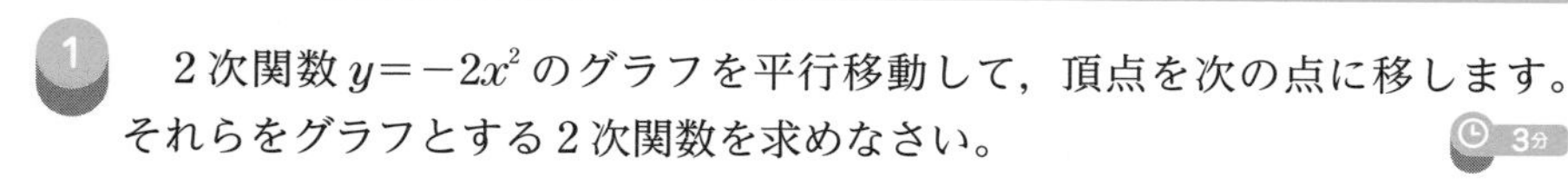

1 　2次関数 $y=-2x^2$ のグラフを平行移動して，頂点を次の点に移します。それらをグラフとする2次関数を求めなさい。　3分

(1)　$(-4,\ 2)$　　　(2)　$(3,\ -1)$

2 　次の2次関数のグラフは，関数 $y=3x^2$ のグラフをどのように平行移動したものですか。　5分

(1)　$y=3x^2-6$　　　(2)　$y=3(x-3)^2$

(3)　$y=3(x-2)^2+5$　　　(4)　$y=3(x+4)^2-3$

3 　次の2次関数に最大値，最小値があれば，それを求めなさい。　5分

(1)　$y=x^2-8x+7$　　　(2)　$y=-2x^2-4x+3$

4 　次の2次関数の最大値，最小値を求めなさい。　5分

(1)　ミス注意 miss　$y=x^2+4x\ (-4 \leqq x \leqq 1)$　　　(2)　$y=-2x^2+12x-12\ (2 \leqq x \leqq 5)$

5 　$a,\ b,\ c$ を定数とし，$a \neq 0$ とします。2次関数 $y=ax^2+bx+c$ のグラフが，下の図のようであるとき，$a,\ b,\ c$ の符号を答えなさい。　5分

(1)

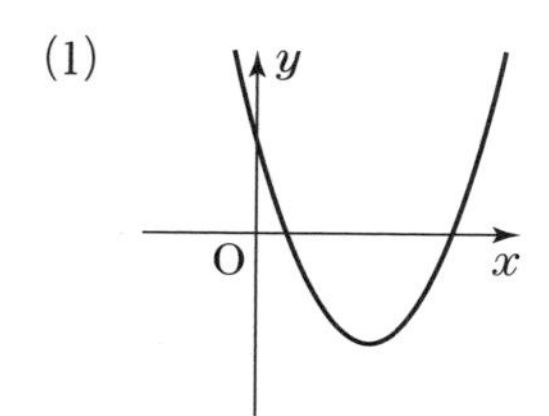

(2)

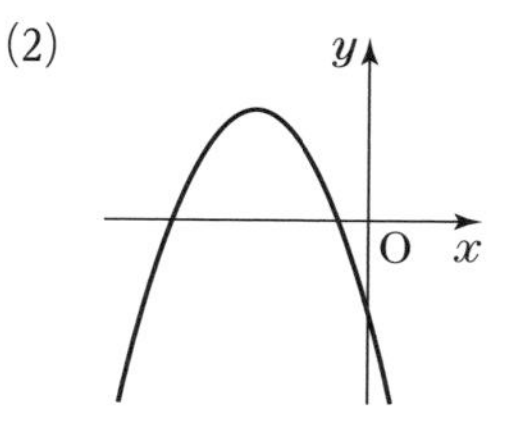

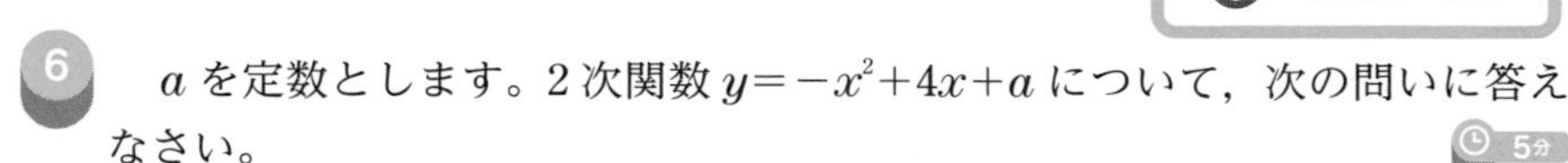

6 a を定数とします。2次関数 $y=-x^2+4x+a$ について，次の問いに答えなさい。 5分

(1) この2次関数のグラフの頂点の座標を求めなさい。

(2) この2次関数の $1 \leqq x \leqq 5$ における y の最小値が1であるとき，a の値を求めなさい。

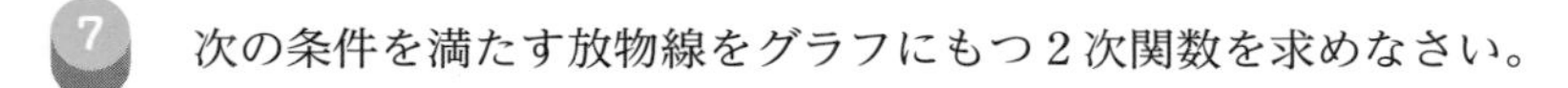

7 次の条件を満たす放物線をグラフにもつ2次関数を求めなさい。

(1) 頂点が点$(2,\ -1)$で，点$(1,\ 4)$を通る。

(2) $x=-4$ で最小値 -3 をとり，点$(-2,\ 5)$を通る。

(3) $x=1$ で最大値4をとり，点$(3,\ -8)$を通る。

(4) 直線 $x=-3$ を軸とし，2点$(-6,\ -3)$，$(-1,\ 2)$を通る。

8 次の2次関数のグラフと x 軸の共有点の座標を求めなさい。

(1) $y=x^2+4x-12$

(2) $y=x^2-3x+1$

9 次の2次関数のグラフと x 軸の共有点の個数を求めなさい。

(1) $y=3x^2+7x+5$

(2) $y=4x^2-12x+9$

(3) $y=-2x^2+9x-6$

1 次の条件を満たす放物線をグラフにもつ2次関数を求めなさい。 5分

(1) 3点$(-1,\ 9)$，$(1,\ -3)$，$(2,\ -6)$を通る。

(2) 3点$(-6,\ 0)$，$(3,\ 0)$，$(-3,\ -6)$を通る。

2 2次関数$y=ax^2+bx+c$は，$x=1$のとき最小値3をとります。また，そのグラフは点$(2,\ 5)$を通ります。このとき，定数a，b，cの値を求めなさい。

3 $y=x^2-3x+2$で表される放物線をpとし，pを平行移動して得られる放物線をqとします。放物線qが2点$(1,\ 1)$，$(2,\ 3)$を通るとき，次の問いに答えなさい。 5分

(1) 放物線qの式を求めなさい。

(2) 放物線qは，放物線pをx軸の正の方向（または負の方向）にいくつ，y軸の正の方向（または負の方向）にいくつだけ平行移動したものですか。

4 aを定数とします。2次関数$y=x^2-6x+a$について，$-2\leqq x\leqq 4$における最大値が10であるとき，次の問いに答えなさい。 5分

(1) aの値を求めなさい。

(2) この関数の最小値を求めなさい。

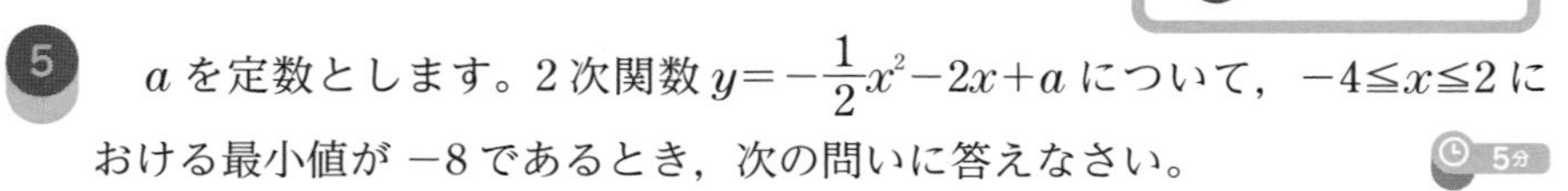

5 aを定数とします。2次関数 $y=-\frac{1}{2}x^2-2x+a$ について，$-4 \leqq x \leqq 2$ における最小値が -8 であるとき，次の問いに答えなさい。 5分

(1) aの値を求めなさい。

(2) この関数の最大値を求めなさい。

6 次の問いに答えなさい。

(1) mを定数とします。2次関数 $y=x^2+6x+m$ のグラフが x 軸と異なる2点で交わるとき，mのとり得る値の範囲を求めなさい。

(2) nを定数とします。2次関数 $y=x^2+(n-3)x-2n+3$ のグラフが x 軸と共有点をもたないとき，nのとり得る値の範囲を求めなさい。

7 mを定数とします。2次関数 $y=x^2+(m-1)x+m-2$ のグラフが x 軸と接するとき，次の問いに答えなさい。 5分

(1) mの値を求めなさい。

(2) 接点の座標を求めなさい。

8 放物線 $y=a(x-\alpha)(x-\beta)$ ($a \neq 0$，α，βは定数)について，次の問いに答えなさい。 5分

(1) 軸の方程式を求めなさい。

(2) 頂点の y 座標を求めなさい。

三角比の応用

例題① 正弦定理

△ABCにおいて，$a=6$，$A=60^\circ$，$B=75^\circ$のとき，次の問いに答えなさい。

(1) △ABCの外接円の半径Rを求めなさい。

(2) 辺ABの長さを求めなさい。

解き方

正弦定理

△ABCの外接円の半径をRとすると，

$$\frac{a}{\sin A}=\frac{b}{\sin B}=\frac{c}{\sin C}=2R$$

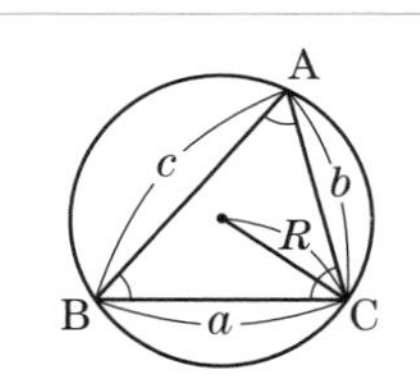

(1) 正弦定理$\dfrac{a}{\sin A}=2R$に，$a=6$，$A=60^\circ$をあてはめると，

$$\frac{6}{\sin 60^\circ}=2R$$

$$R=\frac{6}{2\sin 60^\circ}=\frac{3}{\sin 60^\circ}$$

$$=3\times\frac{2}{\sqrt{3}} \quad \leftarrow \sin 60^\circ=\frac{\sqrt{3}}{2}$$

$$=2\sqrt{3}$$ ← 答

△ABCにおいて，頂点A，B，Cに向かい合う辺の長さをそれぞれa，b，cで表し，∠A，∠B，∠Cの大きさをそれぞれA，B，Cで表す。

(2) $A+B+C=180^\circ$より，$C=180^\circ-(60^\circ+75^\circ)=45^\circ$

正弦定理$\dfrac{a}{\sin A}=\dfrac{c}{\sin C}$に，$a=6$，$A=60^\circ$，$C=45^\circ$をあてはめると，

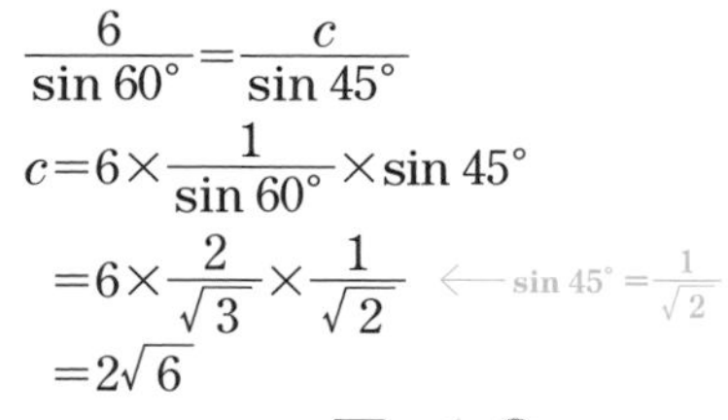

$$\frac{6}{\sin 60^\circ}=\frac{c}{\sin 45^\circ}$$

$$c=6\times\frac{1}{\sin 60^\circ}\times\sin 45^\circ$$

$$=6\times\frac{2}{\sqrt{3}}\times\frac{1}{\sqrt{2}} \quad \leftarrow \sin 45^\circ=\frac{1}{\sqrt{2}}$$

$$=2\sqrt{6}$$

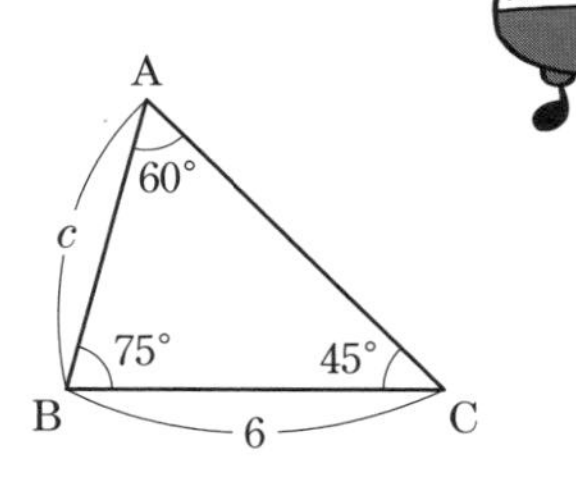

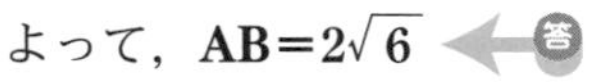

よって，**AB＝$2\sqrt{6}$** ← 答

三角比の応用では，正弦定理や余弦定理を利用して，三角形の辺の長さを求める問題がよく出題される。公式を暗記するだけでなく，問題に応じて使いこなせるようにしておくこと。

例題❷ 余弦定理と三角形の面積

△ABC において，AB$=3\sqrt{3}$，AC$=4$，$A=30°$ のとき，次の問いに答えなさい。

(1) 辺 BC の長さを求めなさい。

(2) △ABC の面積を求めなさい。

解き方

(1) 余弦定理

$a^2=b^2+c^2-2bc\cos A$ に，$b=4$，$c=3\sqrt{3}$，$A=30°$ をあてはめて，

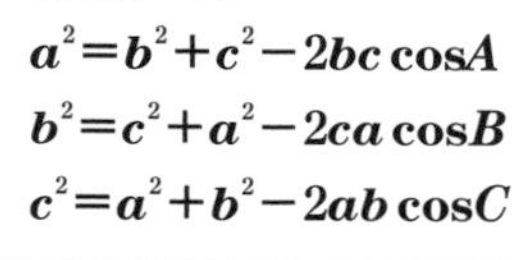

余弦定理

$$a^2=b^2+c^2-2bc\cos A$$
$$b^2=c^2+a^2-2ca\cos B$$
$$c^2=a^2+b^2-2ab\cos C$$

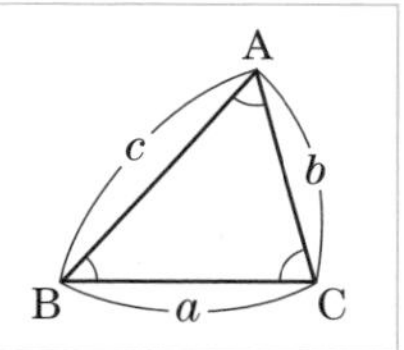

$$a^2=4^2+(3\sqrt{3})^2-2\cdot4\cdot3\sqrt{3}\cos 30°$$
$$=16+27-2\cdot4\cdot3\sqrt{3}\cdot\frac{\sqrt{3}}{2} \quad \leftarrow \cos 30°=\frac{\sqrt{3}}{2}$$
$$=16+27-36$$
$$=7$$

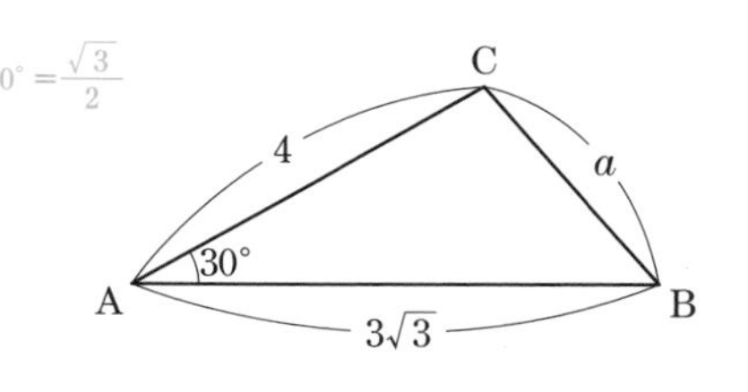

$a>0$ だから，$a=\sqrt{7}$

よって，**BC$=\sqrt{7}$** ← 答

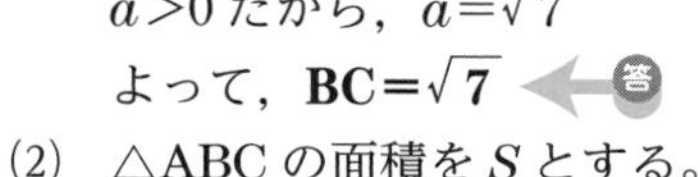

(2) △ABC の面積を S とする。

$S=\frac{1}{2}bc\sin A$ に，$b=4$，$c=3\sqrt{3}$，$A=30°$ をあてはめて，

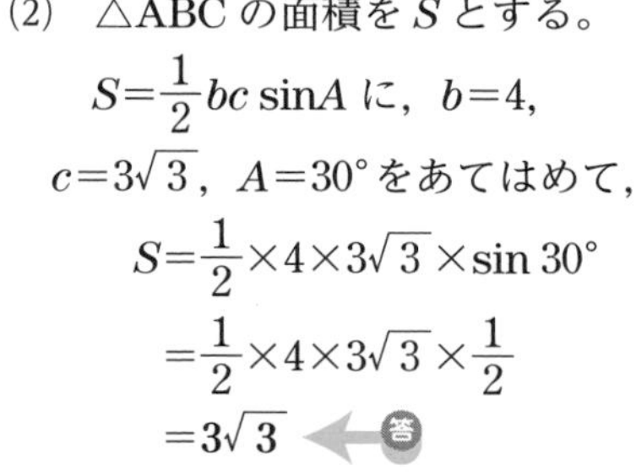

$$S=\frac{1}{2}\times4\times3\sqrt{3}\times\sin 30°$$
$$=\frac{1}{2}\times4\times3\sqrt{3}\times\frac{1}{2}$$
$$=3\sqrt{3}$$ ← 答

△ABC の面積を S とすると，

$$S=\frac{1}{2}bc\sin A$$
$$S=\frac{1}{2}ca\sin B$$
$$S=\frac{1}{2}ab\sin C$$

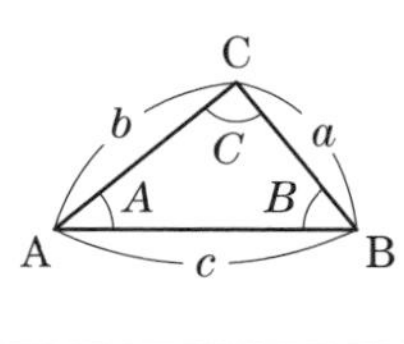

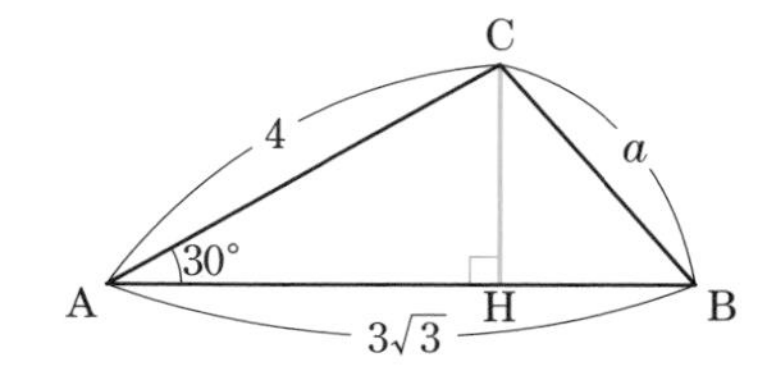

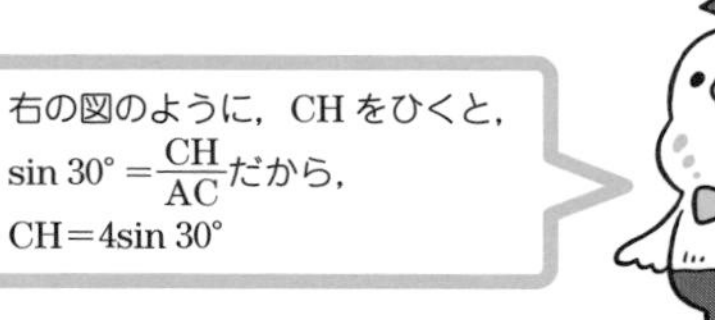

基本練習

答え:別冊39ページ

1 次のような△ABCにおいて，外接円の半径Rを求めなさい。

(1) $a=3$，$A=60°$

(2) $b=3\sqrt{2}$，$B=45°$

2 △ABCにおいて，AC=4，$B=30°$，$C=45°$のとき，次の問いに答えなさい。 5分

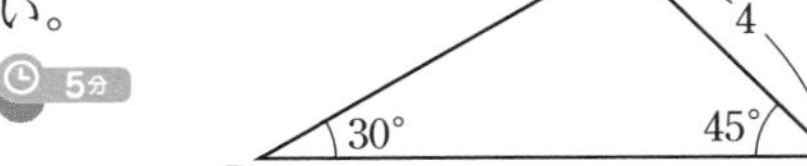

(1) 辺ABの長さを求めなさい。

(2) 外接円の半径Rを求めなさい。

3 △ABCにおいて，BC=$8\sqrt{2}$，$A=45°$，$C=105°$のとき，次の問いに答えなさい。 5分

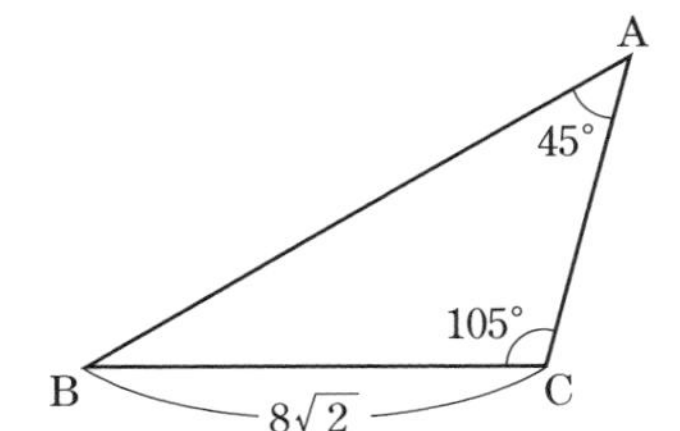

(1) 辺ACの長さを求めなさい。

(2) 外接円の半径Rを求めなさい。

4 円Oは△ABCの外接円です。OA=$\sqrt{3}$，$B=60°$，$C=45°$のとき，次の問いに答えなさい。

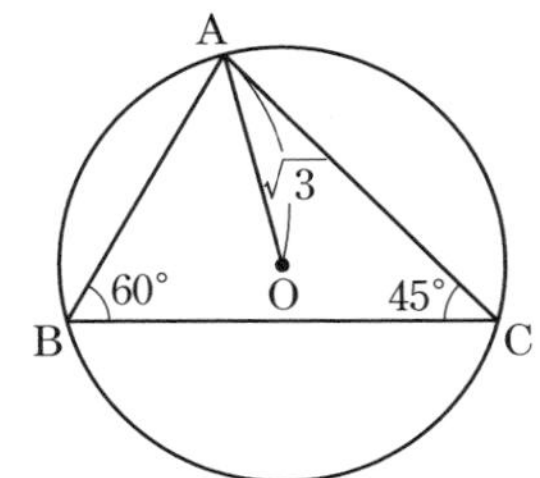

(1) 辺ABの長さを求めなさい。

(2) 辺ACの長さを求めなさい。

5 次の問いに答えなさい。

(1) △ABC において，AB=4，BC=5，$B=60^\circ$ のとき，辺 AC の長さを求めなさい。

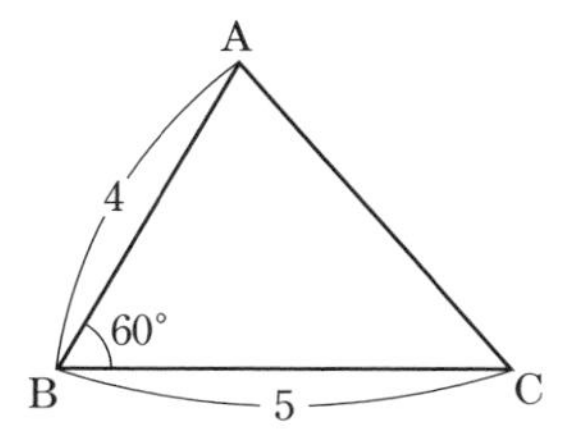

(2) △ABC において，BC=$\sqrt{2}$，CA=3，$C=45^\circ$ のとき，辺 AB の長さを求めなさい。

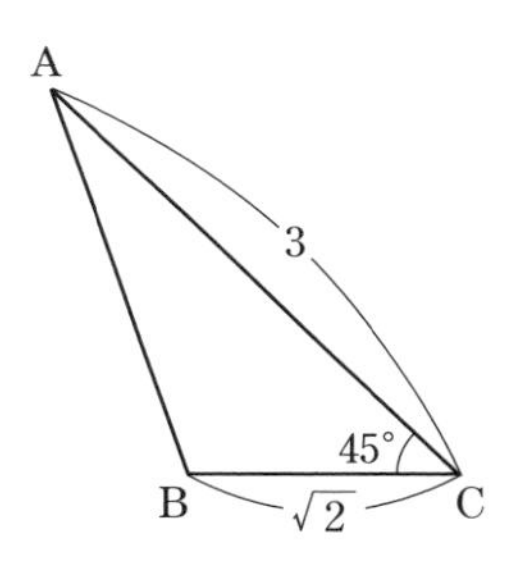

(3) △ABC において，AB=$3\sqrt{2}$，CA=1，$A=135^\circ$ のとき，辺 BC の長さを求めなさい。

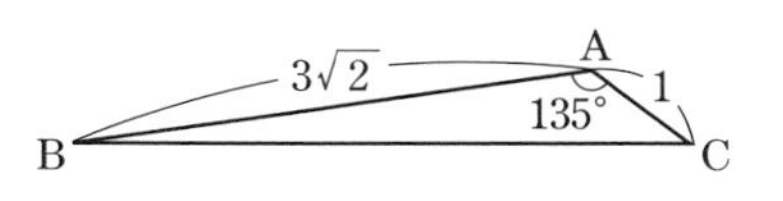

6 △ABC において，AB=5，BC=8，CA=7 のとき，次の問いに答えなさい。 5分

(1) $\cos B$ の値と B を求めなさい。

(2) △ABC の面積を求めなさい。

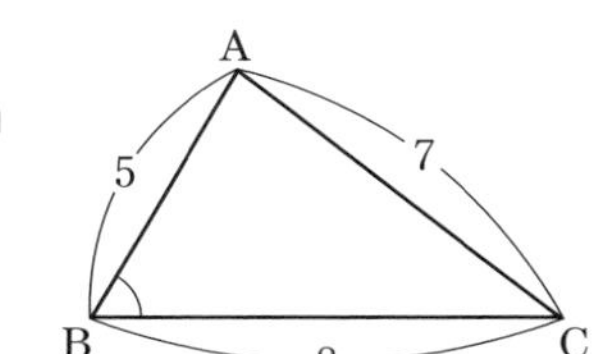

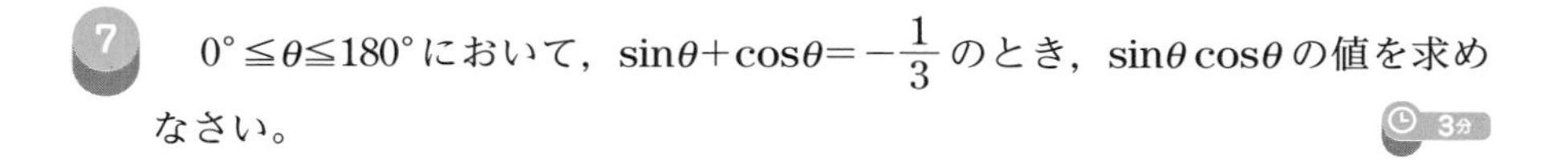

7 $0^\circ \leqq \theta \leqq 180^\circ$ において，$\sin\theta+\cos\theta=-\dfrac{1}{3}$ のとき，$\sin\theta\cos\theta$ の値を求めなさい。 3分

実戦練習

答え：別冊40ページ

1 次の問いに答えなさい。 5分

(1) $\sin A=\dfrac{3}{4}$ である△ABC の外接円の半径が 8 であるとき，辺 BC の長さを求めなさい。

(2) △ABC において，BC=9，$\sin A=\dfrac{4}{5}$，$\sin B=\dfrac{2}{3}$ のとき，辺 AC の長さを求めなさい。

2 ミス注意 △ABC において，$BC=\sqrt{2}$，CA=2，$A=30°$ のとき，B を求めなさい。 5分

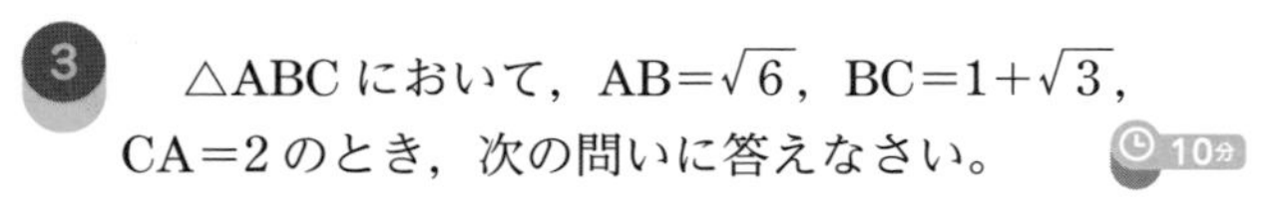

3 △ABC において，$AB=\sqrt{6}$，$BC=1+\sqrt{3}$，CA=2 のとき，次の問いに答えなさい。 10分

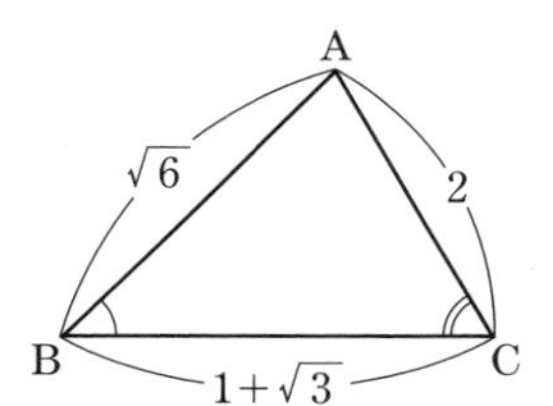

(1) B を求めなさい。

(2) C を求めなさい。

(3) 外接円の直径を求めなさい。

4 △ABC において，$BC=2\sqrt{3}$，CA=6，$A=30°$ のとき，残りの辺の長さと角の大きさを求めなさい。 5分

5 半径2の円に内接する△ABCがあり，3辺の比がBC：CA：AB=7：5：3のとき，次の問いに答えなさい。

(1) $\cos A$の値を求めなさい。

(2) 辺BCの長さを求めなさい。

6 △ABCにおいて，$\dfrac{5}{\sin A}=\dfrac{7}{\sin B}=\dfrac{8}{\sin C}$が成り立ちます。$BC=\sqrt{3}$のとき，△ABCの外接円の半径$R$を求めなさい。

7 △ABCにおいて，AB=5，BC=7，CA=4のとき，△ABCの面積を求めなさい。

8 平行四辺形ABCDにおいて，AB=3，BC=5，$B=60°$です。次の問いに答えなさい。

(1) 平行四辺形ABCDの面積を求めなさい。

(2) 対角線BDの長さを求めなさい。

9 次の問いに答えなさい。

(1) $0° \leqq \theta \leqq 180°$において，$\sin\theta+\cos\theta=\dfrac{1}{2}$のとき，$\sin\theta-\cos\theta$の値を求めなさい。

(2) $\tan\theta=\dfrac{1}{2}$のとき，$\sin\theta\cos\theta$の値を求めなさい。

5 図形の応用

例題❶ 三角形の相似

右の図のような ∠BAC＝2∠ACB である△ABC があります。∠BAC の二等分線と辺 BC の交点を D とするとき，次の問いに答えなさい。

(1) △ABC∽△DBA であることを証明しなさい。

(2) AB＝9，BC＝12 のとき，辺 AC の長さを求めなさい。

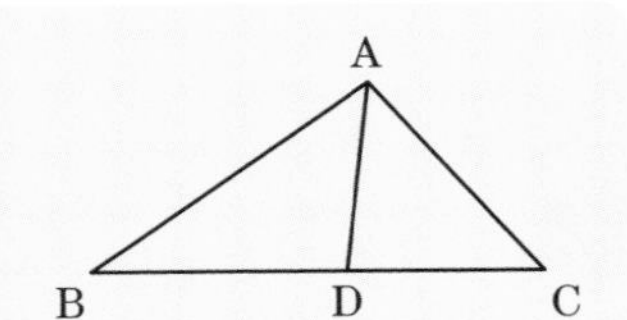

解き方

(1) **【証明】△ABC と △DBA において，**

共通な角だから，∠ABC＝∠DBA ……①

仮定から，∠ACB＝$\frac{1}{2}$∠BAC ……②

AD は ∠BAC の二等分線だから，

∠DAB＝$\frac{1}{2}$∠BAC ……③

②，③より，∠ACB＝∠DAB ……④

①，④より，2 組の角がそれぞれ等しいから，△ABC∽△DBA

(2) △ABC∽△DBA で，相似な図形の対応する線分の比はすべて等しいから，

AB：DB＝BC：BA

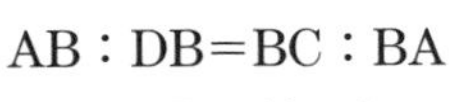

9：DB＝12：9

DB＝$\frac{9\times9}{12}$＝$\frac{27}{4}$

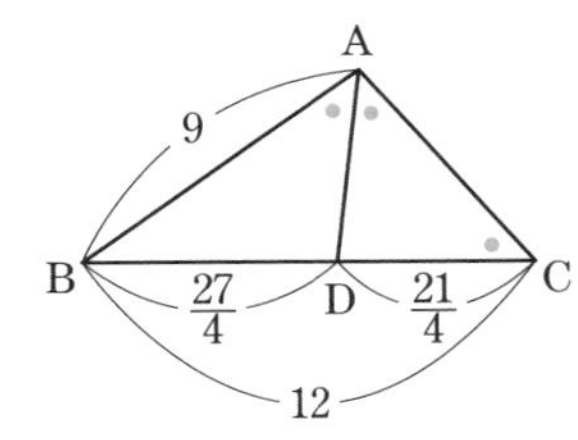

よって，DC＝12－$\frac{27}{4}$＝$\frac{21}{4}$

AD は ∠BAC の二等分線だから，

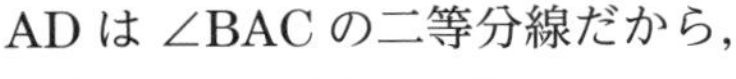

BD：DC＝AB：AC

$\frac{27}{4}$：$\frac{21}{4}$＝9：AC

したがって，

AC＝9×$\frac{21}{4}$×$\frac{4}{27}$＝**7** ← 答

三角形の内角の二等分線と比の定理

△ABC で，∠BAC の二等分線と辺 BC の交点を D とすると，

BD：DC＝AB：AC

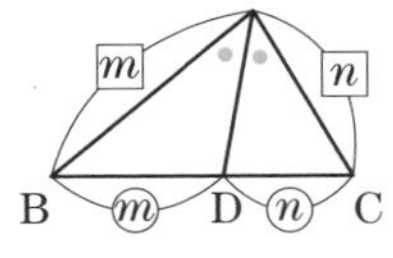

相似な三角形の証明問題や，相似の性質や三平方の定理を用いて線分の長さを求める問題がよく出題される。相似な図形の面積比，体積比の求め方もおさえておく。

例題2 三角形の内心

右の図のように，△ABC の内接円 I と辺 BC，CA，AB との接点をそれぞれ点 D，E，F とします。AB=8，BC=12，CA=10 のとき，線分 AF の長さを求めなさい。

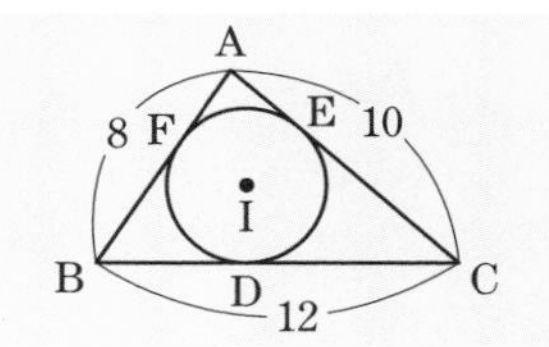

解き方

AF=x とする。

円の外部の 1 点からその円にひいた 2 つの接線の長さは等しいから，AE=AF=x

BF=AB−AF=8−x だから，BD=BF=8−x

CE=AC−AE=10−x だから，CD=CE=10−x

BD+CD=BC だから，$(8-x)+(10-x)=12$，$18-2x=12$，$x=3$

よって，**AF=3** ← 答

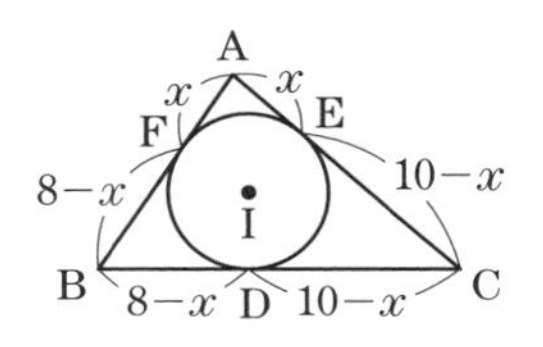

例題3 相似な立体の体積の比

右の図のような，AB=6，OB=3 の円錐があります。AB 上に AC：CB=2：1 となるような点 C をとり，C を通り円錐の底面に平行な面で切り分けます。もとの円錐から小さい円錐を取り除いた立体の体積を求めなさい。ただし，円周率は π とします。

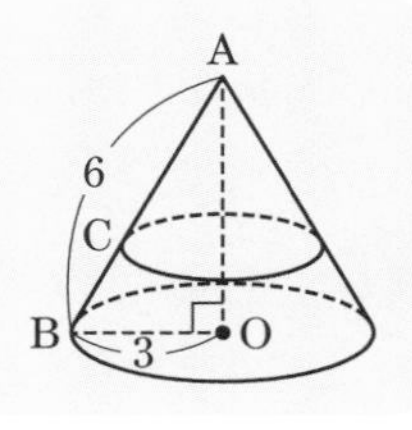

解き方

取り除いた小さい円錐の体積を P，もとの円錐の体積を Q とする。

△ABO で，三平方の定理より，AO=$\sqrt{6^2-3^2}=\sqrt{27}=3\sqrt{3}$

よって，$Q=\frac{1}{3}\pi\times3^2\times3\sqrt{3}=9\sqrt{3}\pi$

AC：CB=2：1 だから，AC：AB=2：(2+1)=2：3

小さい円錐ともとの円錐は相似で，相似比は 2：3 だから，体積比は，

$P:Q=2^3:3^3=8:27$

したがって，$P=\frac{9\sqrt{3}\pi\times8}{27}=\frac{8\sqrt{3}}{3}\pi$

求める立体の体積は，$Q-P=9\sqrt{3}\pi-\frac{8\sqrt{3}}{3}\pi=\boldsymbol{\frac{19\sqrt{3}}{3}\pi}$ ← 答

基本練習

1 右の図の △ABC において，∠ABC の二等分線と辺 AC との交点を D とします。BD の延長上に，CD＝CE となる点 E をとり，点 A と E を結びます。このとき，△ABD∽△CBE であることを証明しなさい。 5分

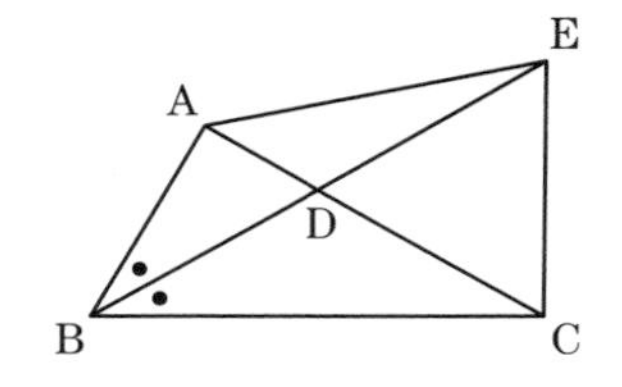

2 右の図のように，円 O の外部にある点 P から，円 O に点 A で接する直線と，円 O に 2 点 B，C で交わる直線をひきます。このとき，△PAB∽△PCA であることを証明しなさい。 5分

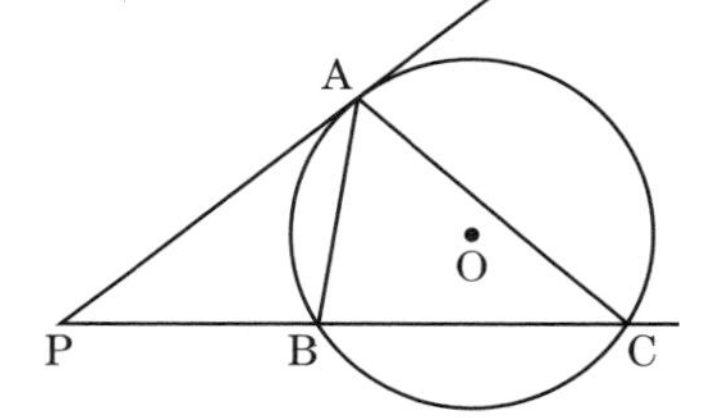

3 右の図の △ABC において，∠BAC の二等分線と辺 BC との交点を D とするとき，

AB：AC＝BD：DC

が成り立ちます。

このことを，BA の延長と点 C を通り AD に平行な直線の交点を E として証明しなさい。 5分

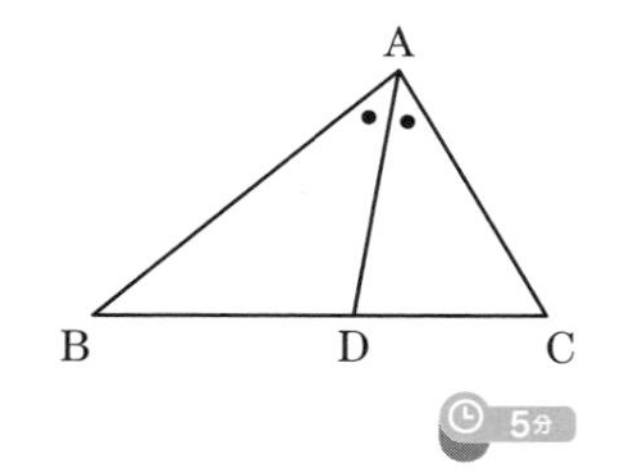

4 右の図の △ABC において，BD は ∠ABC の二等分線です。AB＝9 cm，BC＝15 cm，CA＝16 cm のとき，線分 AD の長さを求めなさい。 5分

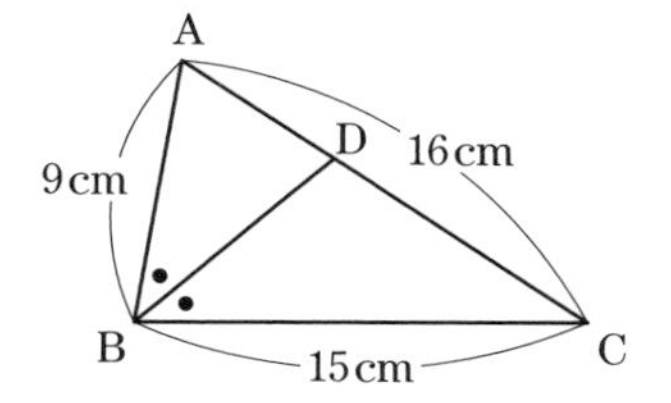

5 右の図の直角三角形 ABC において，∠ABC の二等分線と辺 AC との交点を D とします。このとき，線分 AD の長さを求めなさい。 3分

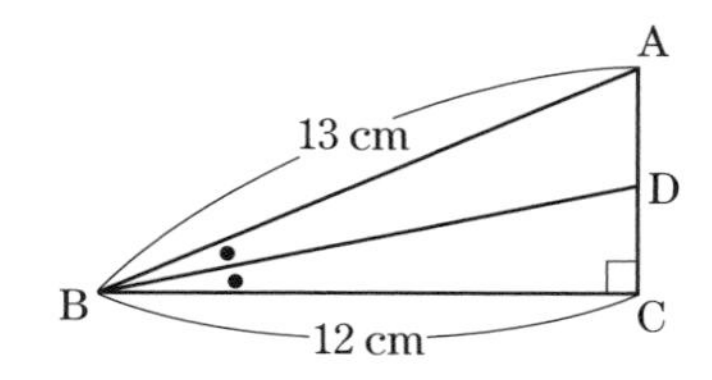

6 右の図の△ABCにおいて，点Iは△ABCの内心です。$\angle BIC = 90^\circ + \frac{1}{2}\angle BAC$であることを証明しなさい。 5分

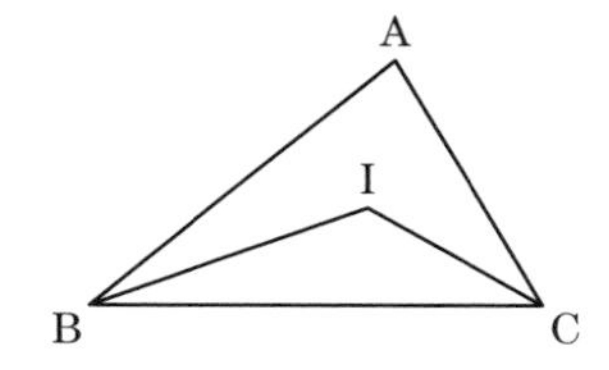

7 次の問いに答えなさい。 5分

(1) 2つの三角形△ABC，△DEFについて，△ABC∽△DEFです。BC＝5 cm，EF＝20 cmで△ABCの面積が15 cm^2であるとき，△DEFの面積は何cm^2ですか。

(2) 2つの円柱P，Qがあり，円柱PとQは相似です。円柱P，Qの底面の半径が8 cm，16 cmで，Pの体積が45π cm^3であるとき，Qの体積は何cm^3ですか。

8 底面の半径が6 cm，母線の長さが10 cmの円錐の体積を求めなさい。ただし，円周率はπとします。 3分

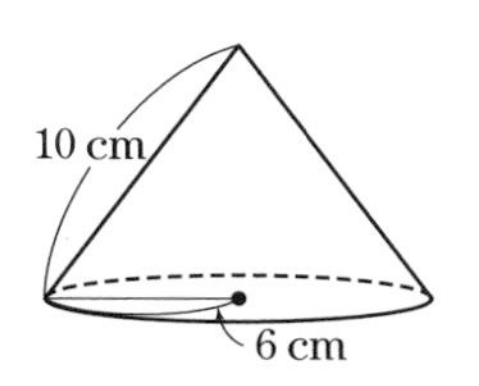

9 右の図のようなAB＝6 cm，∠ACB＝90°の直角二等辺三角形ABCがあります。この直角三角形を，直線ACを軸として1回転させたときにできる立体の体積を求めなさい。ただし，円周率はπとします。 3分

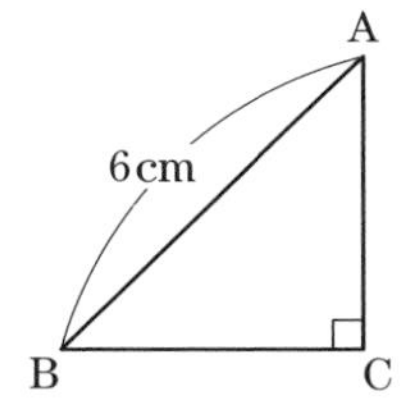

10 右の図のような，底面の直径と高さが同じ円柱と，この円柱にぴったり入っている球があります。次の問いに答えなさい。 3分

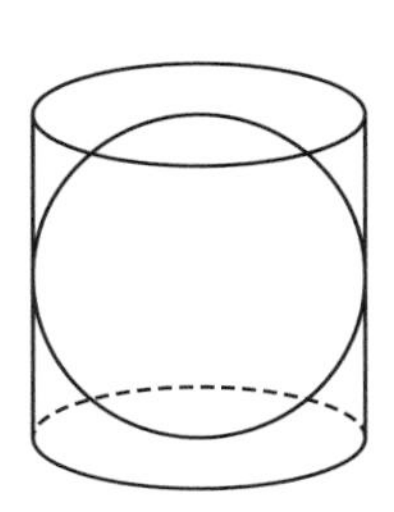

(1) 円柱と球の体積の比を求めなさい。

(2) 円柱の側面積と球の表面積の比を求めなさい。

STEP 2 実戦練習

答え：別冊45ページ

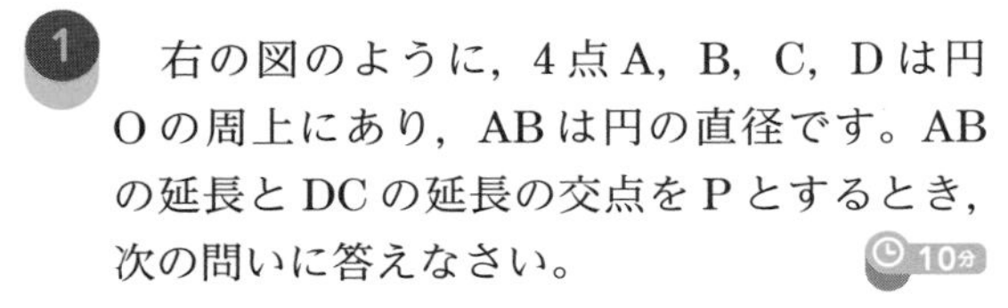

1　右の図のように，4点A，B，C，Dは円Oの周上にあり，ABは円の直径です。ABの延長とDCの延長の交点をPとするとき，次の問いに答えなさい。　10分

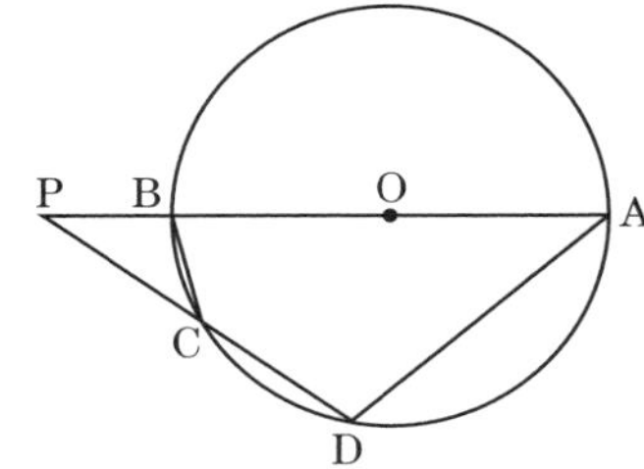

(1)　△PAD∽△PCBであることを証明しなさい。

(2)　円Oの半径が12 cmで，PC＝9 cm，CD＝11 cmのとき，線分POの長さを求めなさい。

2　右の図のようなAB＝12 cm，BC＝15 cm，CA＝9 cmの△ABCがあります。点Aから辺BCに垂線をひき，BCとの交点をDとします。線分AD上に点Eをとり，直線BEと辺ACの交点をFとします。AE＝AFとなるとき，次の問いに答えなさい。　5分

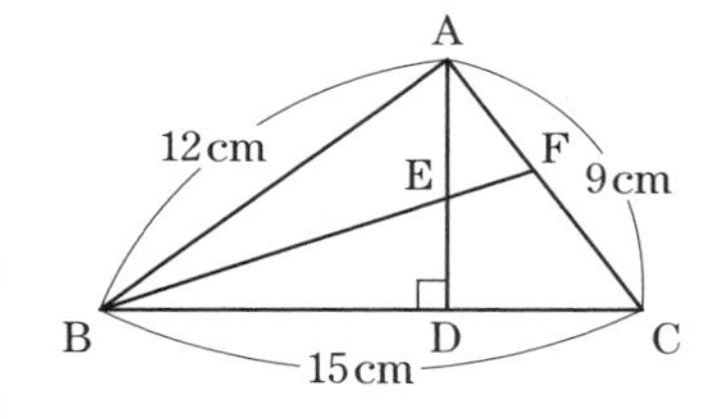

(1)　△ABF∽△DBEであることを証明しなさい。

(2)　△ABFと△CBFの面積比を求めなさい。

3　右の図のように，AB＝4 cm，BC＝5 cm，CA＝3 cmの△ABCに円Oは内接しており，その接点をそれぞれ点D，E，Fとします。AD＝x cm，円Oの半径をr cmとするとき，次の問いに答えなさい。　5分

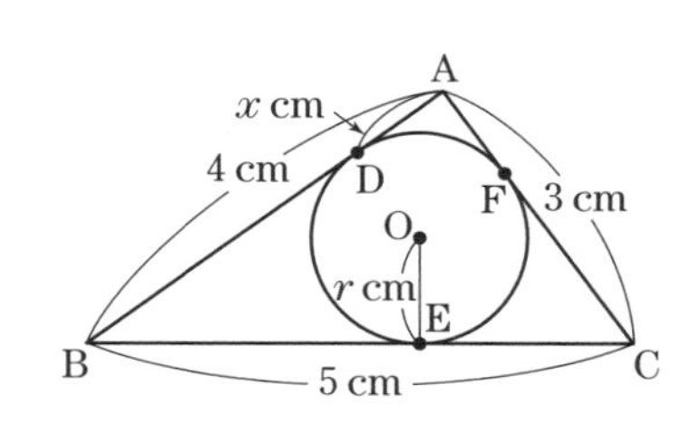

(1)　xの値を求めなさい。

CHALLENGE チャレンジ！ (2)　rの値を求めなさい。

4 右の図の △ABC において，BC // DE // FG，AD＝4，DF＝3，FB＝2 です。このとき，四角形 DFGE と四角形 FBCG の面積比を求めなさい。

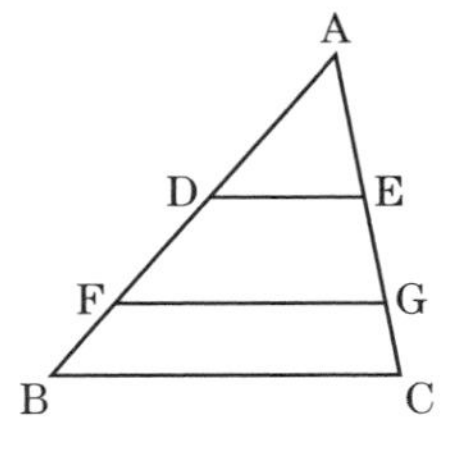

5 右の図のように，三角錐を底面に平行な平面で高さを 3 等分するところで切り分け，切り分けられた 3 つの立体を上から順に P，Q，R とします。もとの三角錐の体積が 810 cm^3 であるとき，P，Q，R の体積をそれぞれ求めなさい。

3分

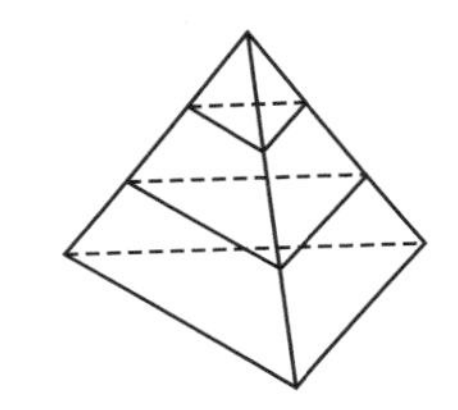

6 右の図の △ABC において，D，E，F はそれぞれ辺 AB，BC，CA の中点です。このとき，HG：GE を求めなさい。

3分

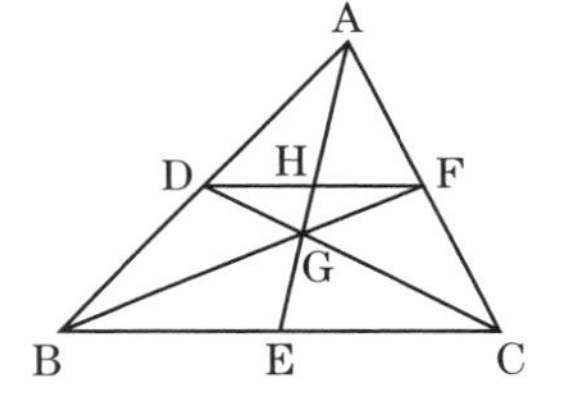

7 右の図は，AB＝8 cm，BC＝4 cm，∠BCA＝90° の直角三角形です。これについて，次の問いに答えなさい。ただし，円周率は π とします。

8分

(1) △ABC を，直線 BC を軸として 1 回転させてできる立体の体積を求めなさい。

CHALLENGE チャレンジ！ (2) △ABC を，直線 AB を軸として 1 回転させてできる立体の体積を求めなさい。

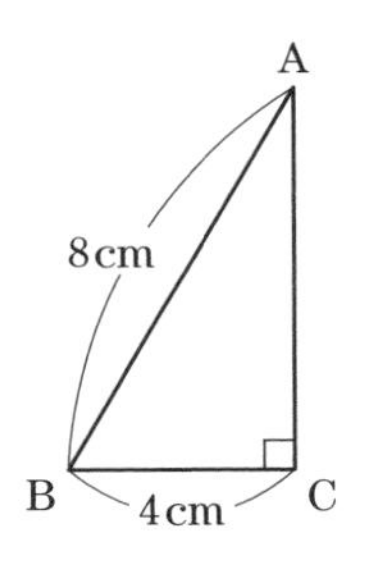

8 右の図のような AD＝5 cm，AB＝7 cm，AE＝4 cm の直方体 ABCD－EFGH があります。点 D から辺 AB，BF を通り点 G まで糸をかけます。かける糸の長さがもっとも短くなるときの糸の長さを求めなさい。

5分

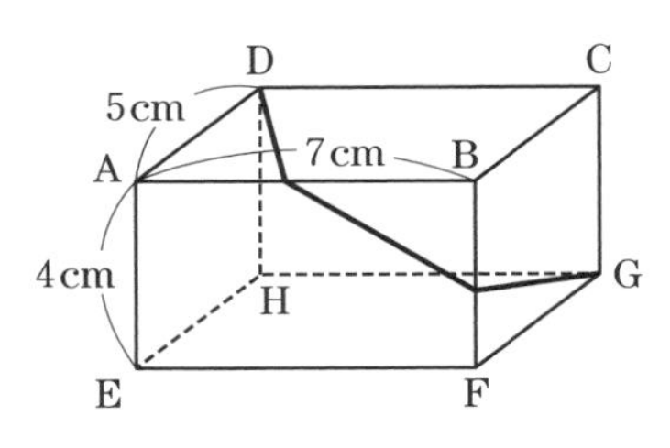

6 データの分析

例題1 標本調査

ある工場で製造された部品50000個から300個を無作為に取り出して検査したところ，そのうち4個が不良品でした。50000個の製品の中に，不良品はおよそ何個含まれていると考えられますか。答えは一の位を四捨五入して，十の位まで求めなさい。

解き方 検査した300個の部品に含まれる不良品の割合は $\frac{4}{300}$ と推定できる。

母集団における不良品の割合も $\frac{4}{300}$ と考えられる。 ←標本における不良品の割合

よって，50000個の製品の中に含まれる不良品の個数は，

$50000\times\frac{4}{300}=666.66\cdots$(個)

したがって，**およそ670個。** ←答

例題2 四分位範囲

次のデータは，10人の生徒のテストの得点を，値の大きさの順に並べたものです。四分位範囲を求めなさい。

36，45，53，59，62，68，74，80，87，92

解き方

下位のデータ　　上位のデータ

36，45，53，59，62，68，74，80，87，92

第1四分位数は，$Q_1=53$(点)

第3四分位数は，$Q_3=80$(点)

よって，四分位範囲は，

$Q_3-Q_1=80-53$

$=27$(点) ←答

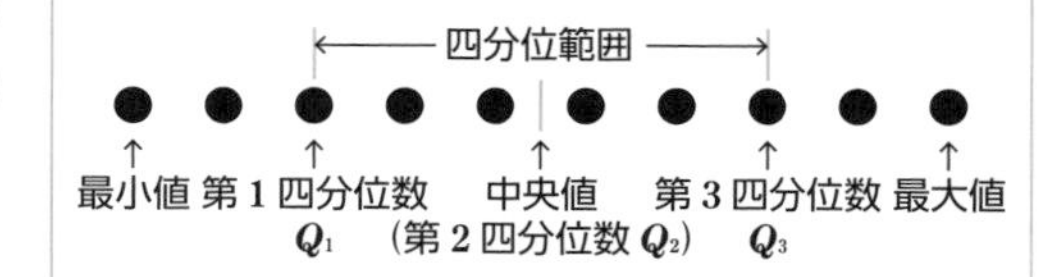

中学校の内容では，標本調査を利用する問題が出題されている。高校の内容では，四分位範囲に関する問題や，分散と標準偏差も出題されると思われるので，理解を深めておく必要がある。

例題③ 分散と標準偏差

次のデータについて，分散 s^2 と標準偏差 s を求めなさい。標準偏差は小数第2位を四捨五入して，小数第1位まで求めなさい。

5, 8, 6, 2, 7, 8, 5, 9, 3, 7

解き方

(データの値)－(平均値)を**偏差**という。

データにおいて，偏差の2乗の平均値を**分散**といい，s^2 で表す。分散の正の平方根を**標準偏差**といい，s で表す。

> **分散** $s^2=\frac{1}{n}\{(x_1-\overline{x})^2+(x_2-\overline{x})^2+\cdots\cdots+(x_n-\overline{x})^2\}$
>
> **標準偏差** $s=\sqrt{分散}$

平均値 $\overline{x}$ を求めると，

$$\overline{x}=\frac{1}{10}(5+8+6+2+7+8+5+9+3+7)=\frac{1}{10}\times60=6$$

偏差の2乗 $(x-\overline{x})^2$ を求めると，

x	5	8	6	2	7	8	5	9	3	7
$x-\overline{x}$	−1	2	0	−4	1	2	−1	3	−3	1
$(x-\overline{x})^2$	1	4	0	16	1	4	1	9	9	1

よって，分散は，

$$s^2=\frac{1}{10}(1+4+0+16+1+4+1+9+9+1)$$
$$=\frac{1}{10}\times46$$
$$=\mathbf{4.6}$$ ← 答

標準偏差は，

$$s=\sqrt{4.6}\fallingdotseq2.14\cdots$$

よって，$s=\mathbf{2.1}$ ← 答

分散や標準偏差が大きいほど，データの散らばり具合が大きく，分散や標準偏差が小さいほど，データは平均値のまわりに集中する傾向があるよ。

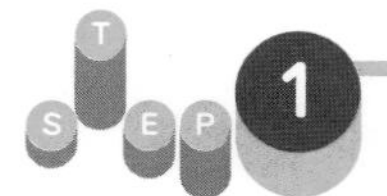

基本練習

1 赤球と白球があわせて750個入っている袋があります。この袋の中から，無作為に20個の球を取り出したところ，赤球が6個，白球が14個でした。この袋の中には，およそ何個の赤球が入っていると考えられますか。答えは一の位を四捨五入して，十の位まで求めなさい。 3分

2 ある工場で製造された製品30000個から400個を無作為に取り出して検査したところ，そのうち7個が不良品でした。30000個の製品の中に，不良品はおよそ何個含まれていると考えられますか。答えは一の位を四捨五入して，十の位まで求めなさい。 3分

3 次のデータは，10人の生徒のテストの得点を，値の大きさの順に並べたものです。下の問いに答えなさい。 5分

28，34，43，52，61，67，73，78，89，96

(1) 範囲を求めなさい。

(2) 四分位範囲を求めなさい。

4 次のデータについて，下の問いに答えなさい。

8，4，9，6，9，10，8，3，9，4

(1) 平均値 $\overline{x}$ を求めなさい。

(2) 分散 s^2 を求めなさい。

(3) 標準偏差 s を，小数第2位を四捨五入して，小数第1位まで求めなさい。

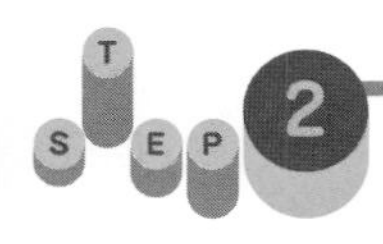

実戦練習

1 ある湖に生息するブラックバスの数を調べるために，湖から30匹のブラックバスを捕獲して，その全部に印をつけて湖にもどしました。数日後，同じ湖で75匹のブラックバスを捕獲したところ，その中に印がついたのが6匹いました。この湖には，およそ何匹のブラックバスが生息していると考えられますか。答えは一の位を四捨五入して，十の位まで求めなさい。 3分

2 次のデータは，13人の生徒のテストの得点です。四分位範囲を求めなさい。

60，39，85，27，76，55，94，65，48，89，32，72，51 5分

3 次の問いに答えなさい。 10分

CHALLENGE チャレンジ！ (1) 変量 x の平均値を $\overline{x}$，x^2 の平均値を $\overline{x^2}$，x の分散を s^2 とするとき，

$s^2=\overline{x^2}-(\overline{x})^2$

が成り立つことを証明しなさい。

(2) (1)を利用して，次のデータについて，分散 s^2 と標準編差 s を求めなさい。分散，標準偏差は小数第2位を四捨五入して，小数第1位まで求めなさい。

3，6，4，8，1，5，6，2，7，3

4 20個の値をもつデータがあります。このうちの5個の値の平均値は8，分散は36，残りの15個の値の平均値は4，分散は44です。次の問いに答えなさい。 10分

(1) このデータの平均値を求めなさい。

CHALLENGE チャレンジ！ (2) このデータの分散を求めなさい。

確率の応用

例題❶ 独立試行の確率

1個のさいころを3回続けて振るとき，出た目の数の積が偶数になる確率を求めなさい。

解き方 「目の数の積が偶数」という事象は，「目の数の積が奇数」という事象の余事象だから，目の数の積が奇数になる確率を求め，余事象の確率 $\boldsymbol{P(\overline{A})=1-P(A)}$ を利用する。

さいころを1回振るとき，奇数の目が出る確率は，$\frac{3}{6}=\frac{1}{2}$

よって，3回とも奇数の目が出る確率は，

$\frac{1}{2}\times\frac{1}{2}\times\frac{1}{2}=\frac{1}{8}$

したがって，求める確率は，

$1-\frac{1}{8}=\boldsymbol{\frac{7}{8}}$ ← 答

> 3つの試行A，B，Cが独立であるとき，事象A，B，Cが起こる確率は，
> $\boldsymbol{P(A)\times P(B)\times P(C)}$

例題❷ 反復試行の確率

赤球3個と白球9個の合計12個の球が入った袋があります。この中から無作為に選んだ1個の球を取り出し，色を調べてからもとにもどします。この操作を5回繰り返すとき，赤球を3回取り出す確率を求めなさい。

解き方 1回の試行で事象Aの起こる確率をpとする。

この試行をn回行う反復試行で，Aがちょうどr回起こる確率は，

$\boldsymbol{{}_n\mathrm{C}_r p^r(1-p)^{n-r}}$

1回の試行で，赤球が出る確率は，$\frac{3}{12}=\frac{1}{4}$

よって，反復試行の確率より，

$${}_5\mathrm{C}_3\left(\frac{1}{4}\right)^3\left(1-\frac{1}{4}\right)^{5-3}=10\times\left(\frac{1}{4}\right)^3\times\left(\frac{3}{4}\right)^2$$

$$=\frac{10\times3^2}{4^5}=\boldsymbol{\frac{45}{512}}$$ ← 答

同じ条件のもとでの試行の繰り返しを反復試行というよ。

確率では，独立試行の確率，反復試行の確率，余事象の確率がよく出題される。難問はないので，基本的な問題の解き方をしっかりマスターしておこう。

基本練習

答え：別冊49ページ

1 右の図のように，円周上に10個の点が等間隔で並んでいます。このとき，次の問いに答えなさい。 3分

(1) 2個の点を結んでできる線分は全部で何本ありますか。

(2) 3個の点を結んでできる三角形は全部で何個ありますか。

2 miss 袋の中に，赤球3個，白球4個の合計7個の球が入っています。この中から無作為に選んだ2個の球を同時に取り出すとき，2個の球の色が同じになる確率を求めなさい。 3分

3 2本の当たりくじを含む10本のくじが入った箱Aと，3本の当たりくじを含む12本のくじが入った箱Bがあります。A，Bそれぞれの箱から1本ずつくじをひくとき，次の問いに答えなさい。 3分

(1) 2本とも当たりくじである確率を求めなさい。

(2) 少なくとも1本は当たりくじである確率を求めなさい。

4 1から9までの9個の整数の中から無作為に2個選ぶとき，選んだ2個の整数の積が偶数になる確率を求めなさい。 3分

5 1個のさいころを4回続けて振るとき，1の目がちょうど3回出る確率を求めなさい。 3分

1 正八角形の3つの頂点を結んで三角形をつくるとき，次の問いに答えなさい。 5分

(1) できる三角形は全部で何個ありますか。

(2) できる三角形のうち，もとの正八角形と辺を共有しないものは全部で何個ありますか。

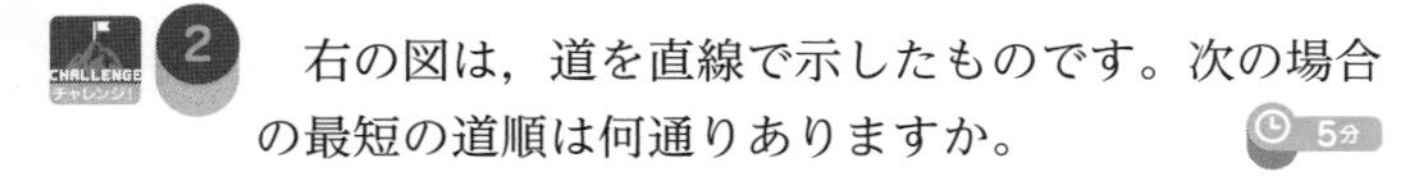

2 右の図は，道を直線で示したものです。次の場合の最短の道順は何通りありますか。 5分

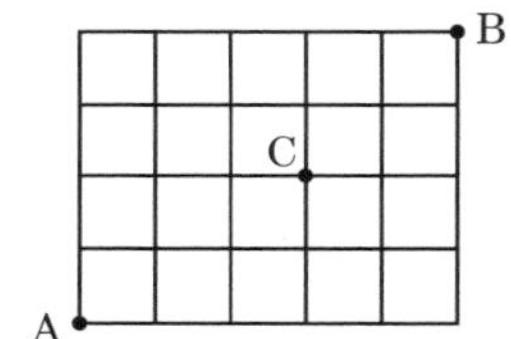

(1) AからBまで行く。

(2) AからCを通ってBまで行く。

CHALLENGE チャレンジ!

3 異なるn個のものから重複を許してm個を選ぶ組合せを重複組合せといい，その総数を${}_n\mathrm{H}_m$と表します。また，${}_n\mathrm{H}_m$の値は，${}_n\mathrm{H}_m = {}_{n+m-1}\mathrm{C}_m$で求めることができます。4個の文字$a$，$b$，$c$，$d$から重複を許して6個選ぶ組合せの総数は何通りありますか。 3分

4 1本の当たりくじを含む5本のくじが入った箱Aと2本の当たりくじを含む7本のくじが入った箱Bと3本の当たりくじを含む10本のくじが入った箱Cがあります。A，B，Cそれぞれの箱から1本ずつくじをひくとき，次の問いに答えなさい。 5分

(1) 少なくとも1本が当たりくじである確率を求めなさい。

(2) 1本が当たりくじ，2本が当たりくじでない確率を求めなさい。

5 袋の中に，赤球5個，白球3個，青球2個の合計10個の球が入っています。この中から無作為に選んだ3個の球を同時に取り出すとき，次の問いに答えなさい。 5分

(1) 赤球を1個も取り出さない確率を求めなさい。

(2) 取り出した球の色が3種類になる確率を求めなさい。

6 1個のさいころを5回続けて振るとき，出た目の数の積が3の倍数になる確率を求めなさい。 5分

7 箱の中に，5本の当たりくじを含む20本のくじが入っています。この箱から，まずAさんがくじをひき，ひいたくじをもどさないで，続いてBさんがくじをひきます。このとき，Bさんが当たりくじをひく確率を求めなさい。 5分

8 AさんとBさんが将棋の対戦を行います。どの対戦も，AさんがBさんに勝つ確率は$\frac{2}{5}$で，その結果が次の試合に影響しないものとするとき，次の問いに答えなさい。 8分

(1) 4試合を終えた時点で，2勝2敗となる確率を求めなさい。

(2) 5試合を終えた時点で，Aさんが1勝4敗となる確率を求めなさい。

9 赤球10個と白球5個の合計15個の球が入った袋があります。この中から無作為に選んだ1個の球を取り出し，色を調べてからもとにもどします。この操作を6回繰り返すとき，次の問いに答えなさい。 8分

(1) 赤球をちょうど4回取り出す確率を求めなさい。

CHALLENGE チャレンジ！ (2) 6回目に2度目の白球を取り出す確率を求めなさい。

特有問題

例題① 最小公倍数の問題

3，4，6，8，9のどれでわっても余りが1になる3けたの正の整数のうち，最大のものを求めなさい。

解き方 3，4，6，8，9のどれでわっても余りが1になる正の整数は，これら5つの数の最小公倍数の倍数に1加えた数である。

3，4，6，8，9の最小公倍数を求めると，右の計算より，

$2^3 \times 3^2 = 72$

$$
\begin{array}{r|rrrrr}
2 & 3 & 4 & 6 & 8 & 9 \\ \hline
2 & 3 & 2 & 3 & 4 & 9 \\ \hline
3 & 3 & 1 & 3 & 2 & 9 \\ \hline
 & 1 & 1 & 1 & 2 & 3
\end{array}
$$

最小公倍数72の倍数に1加えた数で，1000にいちばん近い3けたの数を求めると，

$72 \times 13 + 1 =$ **937** ← 答

例題② 平方数の問題

次の式を満たす整数a，b，cの値の組をすべて求めなさい。ただし，a，b，cは1以上10以下の整数で，$a<b$とします。

$a^2+b^2+9c^2=245$

解き方 $0<9c^2<245$より，$c^2<\frac{245}{9}=27.2\cdots$だから，$c \leqq 5$

- $c=5$のとき，$a^2+b^2+9\times5^2=245$，$a^2+b^2=20$
  これを満たすa，bの値の組は，$(a, b)=(2, 4)$
- $c=4$のとき，$a^2+b^2+9\times4^2=245$，$a^2+b^2=101$
  これを満たすa，bの値の組は，$(a, b)=(1, 10)$
- $c=3$のとき，$a^2+b^2+9\times3^2=245$，$a^2+b^2=164$
  これを満たすa，bの値の組は，$(a, b)=(8, 10)$
- $c=2$のとき，$a^2+b^2+9\times2^2=245$，$a^2+b^2=209$

$a<b \leqq 10$より，これを満たすa，bの値の組は存在しない。

よって，$\boldsymbol{(a, b, c)=(2, 4, 5), (1, 10, 4), (8, 10, 3)}$ ← 答

2次の最後の問題では，思考力を試される問題が出題される。倍数，約数，素数，余りとの関係などの整数についての問題がよく出題されるので，整数の性質の理解を深めておこう。

1 基本練習

答え：別冊51ページ

1 次の問いに答えなさい。 10分

(1) 8でわっても12でわっても余りが1になる2けたの正の整数のうち，最大のものを求めなさい。

(2) 2，3，4，5，6のどれでわっても余りが1になる500以下の正の整数のうち，最大のものを求めなさい。

2 正の整数 n のすべての約数の積を，$[n]$ で表します。
例えば，$[6]=1\times2\times3\times6=36$ になります。$1<n<20$ である n について，$[n]=n$ となる n の個数を求めなさい。 5分

3 右の図のカレンダーで，最初の日曜日から斜めに並んだ数の和は56です。ある月では，最初の日曜日から斜めに並んだすべての数の和が76になりました。この月の15日は何曜日ですか。 5分

日	月	火	水	木	金	土
						1
2	3	4	5	6	7	8
9	10	11	12	13	14	15
16	17	18	19	20	21	22
23	24	25	26	27	28	

4 5つの正の整数 a，b，c，d，e があり，これら5つの整数に対し，

$a+b$，$a+c$，$a+d$，$a+e$，$b+c$，$b+d$，$b+e$，$c+d$，$c+e$，$d+e$

の値をそれぞれ求め，その計算結果を小さいほうから順に並べたところ，

24，26，28，29，30，31，32，33，34，37

となりました。このとき，$a+b+c+d+e$ の値を求めなさい。 5分

STEP 2 実戦練習

答え：別冊52ページ

1 さいころは，向かい合う面の目の数の和が 7 になるように作られています。3 つのさいころを，右の図のような形にはり合わせます。はり合わせた面以外の目の数の和が最大になるとき，その和を求めなさい。

〈例〉

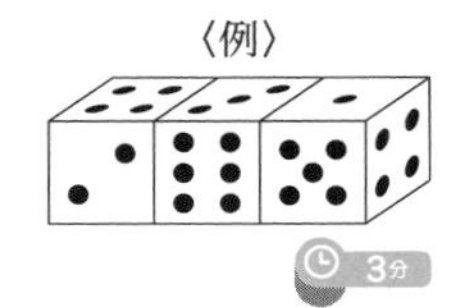

3分

2 四面体，四角錐，三角柱が合わせて 6 個あります。面の数の合計が 28 枚，辺の数の合計が 45 本であるとき，それぞれの立体は何個ありますか。 5分

3 a，b は正の整数で，a を 5 でわると 3 余り，b を 5 でわると 4 余ります。ab を 5 でわったときの余りを求めなさい。 8分

4 4 つの正の整数 a，b，c，d があり，$a<b<c<d$ を満たしています。これら 4 つの整数に対し，

$a+b$，$a+c$，$a+d$，$b+c$，$b+d$，$c+d$

の値をそれぞれ求め，その計算結果を小さいほうから順に並べたところ，

10，12，13，14，15，17

となりました。このとき，a，b，c，d の値を求めなさい。

5分

5 次の式を満たす整数 a，b，c の値の組をすべて求めなさい。ただし，a，b，c は 1 以上 10 以下の整数，$a<b$ とします。 5分

$a^2+b^2+8c^2=225$

CHALLENGE チャレンジ!

6 縦の長さ，横の長さ，高さがすべて正の整数である直方体があります。縦，横，高さの和(3 辺の長さの和)が 16，体積が 90 のとき，この直方体の表面積を求めなさい。

8分

7 3 けたの整数と 2 けたの整数の積について，次の問いに答えなさい。ただし，答えが何通りか考えられる場合は，それらをすべて答えなさい。

□□□×□□

10分

(1) 積が 10000 より小さくて，10000 に最も近くなるように，2 つの整数を定めなさい。また，その積も答えなさい。

(2) 積が 10000 より大きくて，10000 に最も近くなるように，2 つの整数を定めなさい。また，その積も答えなさい。

8 1 より大きい整数は，右の規則にしたがって，何回か操作すると 1 になります。例えば，13 は，13 → 12 → 6 → 3 → 2 → 1 と 5 回の操作で 1 になります。

10分

〈規則〉
その数が偶数ならば，2 でわる。
その数が奇数ならば，1 をひく。

(1) 47 は，何回の操作で 1 になりますか。

(2) 4 回の操作で 1 になる数をすべて求めなさい。

(3) 8 回の操作で 1 になる数のうち，偶数は全部でいくつありますか。

CHALLENGE チャレンジ!

9 3 でわると a 余り，5 でわると b 余り，7 でわると c 余る自然数は，

$70a+21b+15c\quad(0 \leqq a<3,\ 0 \leqq b<5,\ 0 \leqq c<7)$

と表すことができます。

3 でわると 2 余り，5 でわると 3 余り，7 でわると 4 余る 2 けたの正の整数を求めなさい。

8分

◆監修者紹介◆

公益財団法人 日本数学検定協会

公益財団法人日本数学検定協会は，全国レベルの実力・絶対評価システムである実用数学技能検定を実施する団体です。

第1回を実施した1992年には5,500人だった受検者数は2006年以降は年間30万人を超え，数学検定を実施する学校や教育機関も18,000団体を突破しました。

数学検定2級以上を取得すると文部科学省が実施する「高等学校卒業程度認定試験」の「数学」科目が試験免除されます。このほか，大学入学試験での優遇措置や高等学校等の単位認定等に組み入れる学校が増加しています。また，日本国内はもちろん，フィリピン，カンボジア，タイなどでも実施され，海外でも高い評価を得ています。

いまや数学検定は，数学・算数に関する検定のスタンダードとして，進学・就職に必須の検定となっています。

◆カバーデザイン：星 光信（Xin-Design）
◆本文デザイン：タムラ マサキ
◆本文キャラクター：une corn ウネハラ ユウジ
◆編集協力：（有）アズ
◆ DTP：（株）明昌堂

データ管理コード：23-2031-2251（2023）

この本は，下記のように環境に配慮して製作しました。
・製版フィルムを使用しない CTP 方式で印刷しました。
・環境に配慮した紙を使用しています。

受かる！数学検定 準2級 解答と解説

くわしい解説つきで，解き方がよくわかります。

「ミス注意」の問題には「ミス対策」があり，注意点がよくわかります。

第1章 計算技能検定[❶次]【対策編】の解答

1 式の計算

問題：14ページ

STEP 1 基本練習

1 解答 (1) $8a^2+12ab$

(2) $-5xy-20y^2+15yz$

(3) $18x^2y-21xy^2$

(4) $-6a^2b+16ab^2+10abc$

解説

分配法則を使って，単項式を多項式の各項にかける。

(1) 原式 $=4a\times2a+4a\times3b$
$=8a^2+12ab$

(2) 原式 $=-5y\times x+(-5y)\times4y$
$+(-5y)\times(-3z)$
$=-5xy-20y^2+15yz$

(3) 原式 $=6x\times3xy-7y\times3xy$
$=18x^2y-21xy^2$

(4) 原式 $=3a\times(-2ab)-8b\times(-2ab)$
$-5c\times(-2ab)$
$=-6a^2b+16ab^2+10abc$

2 解答 (1) $3ab-a+6b-2$

(2) $3xy+15x-4y-20$

(3) $12ab-14a-18b+21$

(4) $-5x^2+3xy+2y^2$

解説

展開の基本公式

$(a+b)(c+d)=ac+ad+bc+bd$

を利用して展開する。

(1) 原式 $=a\times3b+a\times(-1)+2\times3b$
$+2\times(-1)=3ab-a+6b-2$

(2) 原式 $=3x\times y+3x\times5-4\times y-4\times5$
$=3xy+15x-4y-20$

(3) 原式 $=2a\times6b+2a\times(-7)-3\times6b$
$-3\times(-7)=12ab-14a-18b+21$

(4) 原式 $=5x\times y+5x\times(-x)+2y\times y$
$+2y\times(-x)=5xy-5x^2+2y^2-2xy$
$=-5x^2+3xy+2y^2$

ミス対策 展開した式の中に同類項があるときは，同類項をまとめる。

3 解答 (1) $a^2+10a+25$

(2) $9x^2+6xy+y^2$

(3) $4x^2-28x+49$

(4) $16a^2-24ab+9b^2$ (5) $64a^2-b^2$

(6) $81x^2-4y^2$ (7) $4a^2+11a+6$

(8) $6x^2+7x-20$

(9) $12a^2-17ab+6b^2$

(10) $10x^2-xy-21y^2$

(11) $a^2+b^2+9+2ab+6b+6a$

(12) $4x^2+y^2+25-4xy-10y+20x$

解説

乗法公式❶～❺を利用して展開する。

(1) 原式 $=a^2+2\times a\times5+5^2$
$=a^2+10a+25$

(2) 原式 $=(3x)^2+2\times3x\times y+y^2$
$=9x^2+6xy+y^2$

(3) 原式 $=(2x)^2-2\times2x\times7+7^2$
$=4x^2-28x+49$

(4) 原式 $=(4a)^2-2\times4a\times3b+(3b)^2$
$=16a^2-24ab+9b^2$

(5) 原式 $=(8a)^2-b^2=64a^2-b^2$

(6)　原式 $=(9x-2y)(9x+2y)$

$=(9x)^2-(2y)^2=81x^2-4y^2$

(7)　原式 $=1\times4a^2+(1\times3+2\times4)a$

$+2\times3=4a^2+11a+6$

(8)　原式 $=2\times3x^2+\{2\times(-4)+5\times3\}x$

$+5\times(-4)=6x^2+7x-20$

(9)　原式

$=4\times3a^2+\{4\times(-2b)+(-3b)\times3\}a$

$+(-3b)\times(-2b)=12a^2-17ab+6b^2$

(10)　原式 $=2\times5x^2+\{2\times7y+(-3y)\times5\}x$

$+(-3y)\times7y=10x^2-xy-21y^2$

(11)　原式 $=a^2+b^2+3^2+2\times a\times b$

$+2\times b\times3+2\times3\times a$

$=a^2+b^2+9+2ab+6b+6a$

(12)　原式 $=(2x)^2+(-y)^2+5^2+2\times2x$

$\times(-y)+2\times(-y)\times5+2\times5\times2x$

$=4x^2+y^2+25-4xy-10y+20x$

4 解答　(1) $5b(2a+3c)$

(2) $2xy(x-3y-4z)$

(3) $(a-1)(b-c)$

(4) $(a-2b)(x+y)$

解説

(3), (4)は多項式が共通因数になる。

(1)　原式 $=5b\times2a+5b\times3c$

$=5b(2a+3c)$

(2)　原式 $=2xy\times x-2xy\times3y-2xy\times4z$

$=2xy(x-3y-4z)$

ミス対策　多項式の中に共通因数を残さないように，すべての共通因数をくくり出す。

$2x(xy-3y^2-4yz)$ ← y が残っている

$xy(2x-6y-8z)$ ← 2 が残っている

(3)　$+(1-a)$ を $-(a-1)$ とすると，$a-1$ が共通因数になる。

原式 $=(a-1)b-(a-1)c$

$=(a-1)(b-c)$

(4)　原式 $=(a-2b)x+(a-2b)y$

$=(a-2b)(x+y)$

5 解答　(1) $(x+4)^2$　(2) $(a+7b)^2$

(3) $(x-9)^2$　(4) $(3a-2b)^2$

(5) $(x+6)(x-6)$

(6) $(4a+7b)(4a-7b)$

(7) $(a+4)(a+5)$　(8) $(x+3)(x-7)$

(9) $(a-2b)(a-8b)$

(10) $(x+5y)(x-6y)$

解説

因数分解の公式❶～❸を利用する。

(1)　原式 $=x^2+2\times x\times4+4^2=(x+4)^2$

(2)　原式 $=a^2+2\times a\times7b+(7b)^2$

$=(a+7b)^2$

(3)　原式 $=x^2-2\times x\times9+9^2=(x-9)^2$

(4)　原式 $=(3a)^2-2\times3a\times2b+(2b)^2$

$=(3a-2b)^2$

(5)　原式 $=x^2-6^2=(x+6)(x-6)$

(6)　原式 $=(4a)^2-(7b)^2$

$=(4a+7b)(4a-7b)$

(7)　原式 $=a^2+(4+5)a+4\times5$

$=(a+4)(a+5)$

(8)　原式 $=x^2+\{3+(-7)\}x+3\times(-7)$

$=(x+3)(x-7)$

(9)　原式 $=a^2+\{(-2b)+(-8b)\}a$

$+(-2b)\times(-8b)=(a-2b)(a-8b)$

(10)　原式 $=x^2+\{5y+(-6y)\}x$

$+5y\times(-6y)=(x+5y)(x-6y)$

6 解答　(1) $(x+2)(3x+1)$

(2) $(2a-1)(3a-4)$

(3) $(2a+3)(4a-3)$

(4) $(3x+4)(5x-7)$

(5) $(a+2b)(4a+b)$

(6) $(3x+5y)(x-4y)$

(7) $(a-2b)(6a-5b)$

(8) $(2x+3y)(5x-7y)$

解説

因数分解の公式❹を利用する。

(1) 右のたすき掛けの計算から、

1	2	→ 6
3	1	→ 1
3	2	7

$3x^2+7x+2$
$=(x+2)(3x+1)$

(2) 右のたすき掛けの計算から、

2	−1	→ −3
3	−4	→ −8
6	4	−11

$6a^2-11a+4=(2a-1)(3a-4)$

(3) 右のたすき掛けの計算から、

2	3	→ 12
4	−3	→ −6
8	−9	6

$8a^2+6a-9=(2a+3)(4a-3)$

(4) 右のたすき掛けの計算から、

3	4	→ 20
5	−7	→ −21
15	−28	−1

$15x^2-x-28=(3x+4)(5x-7)$

(5) 右のたすき掛けの計算から、

1	2b	→ 8b
4	b	→ b
4	2b²	9b

$4a^2+9ab+2b^2$
$=(a+2b)(4a+b)$

(6) 右のたすき掛けの計算から、

3	5y	→ 5y
1	−4y	→ −12y
3	−20y²	−7y

$3x^2-7xy-20y^2=(3x+5y)(x-4y)$

(7) 右のたすき掛けの計算から、

1	−2b	→ −12b
6	−5b	→ −5b
6	10b²	−17b

$6a^2-17ab+10b^2=(a-2b)(6a-5b)$

(8) 右のたすき掛けの計算から、

2	3y	→ 15y
5	−7y	→ −14y
10	−21y²	y

$10x^2+xy-21y^2$
$=(2x+3y)(5x-7y)$

STEP 2 実戦練習

1 解答 (1) a^2-ac-b^2+bc
(2) $2x^3-5x^2y+5xy^2-3y^3$
(3) $25a^2+b^2+4c^2-10ab+4bc-20ca$
(4) $x^2+9y^2+16z^2-6xy-24yz+8zx$

解説

(1) 原式 $=a(a+b-c)-b(a+b-c)$
$=a^2+ab-ac-ab-b^2+bc$
$=a^2-ac-b^2+bc$

(2) 原式
$=2x(x^2-xy+y^2)-3y(x^2-xy+y^2)$
$=2x^3-2x^2y+2xy^2-3x^2y+3xy^2-3y^3$
$=2x^3-5x^2y+5xy^2-3y^3$

(3) 原式 $=(5a)^2+(-b)^2+(-2c)^2$
$+2\times5a\times(-b)+2\times(-b)\times(-2c)$
$+2\times(-2c)\times5a$
$=25a^2+b^2+4c^2-10ab+4bc-20ca$

(4) 原式 $=x^2+(-3y)^2+(4z)^2$
$+2\times x\times(-3y)+2\times(-3y)\times4z$
$+2\times4z\times x$
$=x^2+9y^2+16z^2-6xy-24yz+8zx$

2 解答 (1) $-3a^2+6b^2$ (2) $8x+25$
(3) $2ab-10b^2$ (4) $3x^2+4xy-13y^2$
(5) $9x^2+34y^2$ (6) $5a^2-3ab-26b^2$
(7) a^4-18a^2+81 (8) x^4-16

解説

(1)〜(6)は、まず乗法公式を使って展開して同類項をまとめる。

(1) 原式 $=2ab-a^2+6b^2-3ab-2a^2+ab$
$=-3a^2+6b^2$

(2) 原式 $=x^2+8x+16-(x^2-9)$
$=x^2+8x+16-x^2+9=8x+25$

(3) 原式 $=a^2-3ab-4b^2-(a^2-5ab+6b^2)$
$=a^2-3ab-4b^2-a^2+5ab-6b^2$
$=2ab-10b^2$

(4)　原式 $=4x^2-9y^2-(x^2-4xy+4y^2)$
$=4x^2-9y^2-x^2+4xy-4y^2$
$=3x^2+4xy-13y^2$

(5)　原式
$=8x^2-14xy-15y^2+(x^2+14xy+49y^2)$
$=8x^2-14xy-15y^2+x^2+14xy+49y^2$
$=9x^2+34y^2$

(6)　原式
$=6a^2-11ab-10b^2-(a^2-8ab+16b^2)$
$=6a^2-11ab-10b^2-a^2+8ab-16b^2$
$=5a^2-3ab-26b^2$

(7)　原式 $=\{(a+3)(a-3)\}^2=(a^2-9)^2$
$=(a^2)^2-2\times a^2\times 9+9^2=a^4-18a^2+81$

miss ミス対策　先に $(a+3)^2$，$(a-3)^2$ を展開すると，計算が複雑になるので，**$a^nb^n=(ab)^n$** を利用して，まず $(a+3)(a-3)$ を計算する。

(8)　先に $(x+2)(x-2)$ を計算する。
原式 $=(x^2+4)\{(x+2)(x-2)\}$
$=(x^2+4)(x^2-4)=(x^2)^2-4^2$
$=x^4-16$

3 解答　(1) $a^2+2ab+b^2-2a-2b-8$
(2) $x^2-y^2+2yz-z^2$　(3) x^4-7x^2+9
(4) x^4-13x^2+36　(5) a^4-10a^2+9
(6) $x^4-10x^3+35x^2-50x+24$

解説

(1)〜(3)は，**式の中の共通部分を１つの文字におきかえて**，乗法公式を利用する。

(4)〜(6)は，４つの多項式で，まずどの多項式どうしを組にして展開すればよいかを考える。

(1)　$a+b=A$ とおくと，
原式 $=(A+2)(A-4)=A^2-2A-8$
$=(a+b)^2-2(a+b)-8$
$=a^2+2ab+b^2-2a-2b-8$

(2)　$y-z=A$ とおくと，
原式 $=\{x+(y-z)\}\{x-(y-z)\}$
$=(x+A)(x-A)=x^2-A^2$
$=x^2-(y-z)^2=x^2-(y^2-2yz+z^2)$
$=x^2-y^2+2yz-z^2$

(3)　$x^2-3=A$ とおくと，
原式 $=\{(x^2-3)+x\}\{(x^2-3)-x\}$
$=(A+x)(A-x)=A^2-x^2$
$=(x^2-3)^2-x^2=(x^2)^2-6x^2+9-x^2$
$=x^4-6x^2+9-x^2=x^4-7x^2+9$

(4)　原式
$=\{(x+2)(x-2)\}\{(x+3)(x-3)\}$
$=(x^2-4)(x^2-9)=(x^2)^2-13x^2+36$
$=x^4-13x^2+36$

(5)　原式
$=\{(a-1)(a+1)\}\{(a-3)(a+3)\}$
$=(a^2-1)(a^2-9)=(a^2)^2-10a^2+9$
$=a^4-10a^2+9$

(6)　原式
$=\{(x-1)(x-4)\}\{(x-2)(x-3)\}$
$=\{(x^2-5x)+4\}\{(x^2-5x)+6\}$
$x^2-5x=A$ とおくと，
$(A+4)(A+6)=A^2+10A+24$
$=(x^2-5x)^2+10(x^2-5x)+24$
$=(x^2)^2-2\times x^2\times 5x+(5x)^2$
$+10(x^2-5x)+24$
$=x^4-10x^3+25x^2+10x^2-50x+24$
$=x^4-10x^3+35x^2-50x+24$

4 解答　(1) $5(x+3)(x-3)$
(2) $3a(a-2)(a-4)$
(3) $2xy(x+3y)(x-5y)$
(4) $bc(a-3b)^2$　(5) $b(a+4)(3a-2)$
(6) $xy(2x+y)(3x-5y)$

解説

共通因数をくくり出してから，因数分解の公式を使って因数分解する。

(1)　原式 $=5(x^2-9)=5(x+3)(x-3)$

(2)　原式 $=3a(a^2-6a+8)$

$=3a(a-2)(a-4)$

(3)　原式 $=2xy(x^2-2xy-15y^2)$

$=2xy(x+3y)(x-5y)$

(4)　原式 $=bc(a^2-6ab+9b^2)$

$=bc(a-3b)^2$

(5)　原式 $=b(3a^2+10a-8)$

$=b(a+4)(3a-2)$

ミス対策　$3a^2+10a-8$ は，因数分解の公式❹を使って，さらに因数分解できる。

(6)　原式 $=xy(6x^2-7xy-5y^2)$

$=xy(2x+y)(3x-5y)$

5 解答　(1) $(x+y+3)(x+y+6)$

(2) $(a+6)(a-5)$　(3) $(a+b+4)^2$

(4) $(x-9)^2$　(5) $(a-b+8)(a-b-8)$

(6) $(5x+y-z)(5x-y+z)$

解説

式の一部を**1つの文字におきかえて**，因数分解公式を利用する。

(1)　$x+y=A$ とおくと，

原式 $=A^2+9A+18=(A+3)(A+6)$

$=(x+y+3)(x+y+6)$

(2)　$a+2=A$ とおくと，

原式 $=A^2-3A-28=(A+4)(A-7)$

$=(a+2+4)(a+2-7)$

$=(a+6)(a-5)$

【別解】　原式 $=a^2+4a+4-3a-6-28$

$=a^2+a-30=(a+6)(a-5)$

(3)　$a+b=A$ とおくと，

原式 $=A^2+8A+16=(A+4)^2$

$=(a+b+4)^2$

(4)　$x-3=A$ とおくと，

原式 $=A^2-12A+36=(A-6)^2$

$=(x-3-6)^2=(x-9)^2$

【別解】　原式 $=x^2-6x+9-12x+36+36$

$=x^2-18x+81=(x-9)^2$

(5)　$a-b=A$ とおくと，

原式 $=A^2-64=(A+8)(A-8)$

$=(a-b+8)(a-b-8)$

(6)　$y-z=A$ とおくと，

原式 $=25x^2-A^2=(5x+A)(5x-A)$

$=(5x+y-z)\{5x-(y-z)\}$

$=(5x+y-z)(5x-y+z)$

6 解答　(1) $(x^2+9)(x+3)(x-3)$

(2) $(a+1)(a-1)(a+4)(a-4)$

(3) $(x-1)(x-y)$

(4) $(a+c)(a-c)(b-1)$

(5) $(a+b+3)(a-b+3)$

(6) $(x+y-1)(x-y+1)$

(7) $(a+2)(a+b-3)$

(8) $(x+y+4)(x+2y-3)$

解説

(1)，(2)は，x^2，a^2 を A とおいて，A についての2次式とみて因数分解する。

(3)～(7)は，項の組合せを考えて，因数分解の公式が利用できる形にする。

(1)　$x^2=A$ とおくと，

原式 $=A^2-81=(A+9)(A-9)$

$=(x^2+9)(x^2-9)$

$=(x^2+9)(x+3)(x-3)$

(2)　$a^2=A$ とおくと，

原式 $=A^2-17A+16$

$=(A-1)(A-16)=(a^2-1)(a^2-16)$

$=(a+1)(a-1)(a+4)(a-4)$

(3)　原式 $=x(x-1)-y(x-1)$

$=(x-1)(x-y)$

【別解】　原式 $=x^2-xy-x+y$

$=x(x-y)-(x-y)=(x-y)(x-1)$

(4)　原式 $=b(a^2-c^2)-(a^2-c^2)$

$=(a^2-c^2)(b-1)=(a+c)(a-c)(b-1)$

(5)　原式 $=(a+3)^2-b^2$

$a+3=A$ とおくと,

$A^2-b^2=(A+b)(A-b)$

$=(a+3+b)(a+3-b)$

$=(a+b+3)(a-b+3)$

(6)　原式 $=x^2-(y^2-2y+1)$

$=x^2-(y-1)^2$

$y-1=A$ とおくと,

$x^2-A^2=(x+A)(x-A)$

$=(x+y-1)\{x-(y-1)\}$

$=(x+y-1)(x-y+1)$

(7)　原式 $=a^2-a-6+ab+2b$

$=(a+2)(a-3)+b(a+2)$

$=(a+2)(a-3+b)$

$=(a+2)(a+b-3)$

(8)　x についての 2 次式とみて，**降べきの順に整理する**。

原式 $=x^2+3xy+x+2y^2+5y-12$

$=x^2+(3y+1)x+(2y^2+5y-12)$

$=x^2+(3y+1)x+(y+4)(2y-3)$

$=\{x+(y+4)\}\{x+(2y-3)\}$

$=(x+y+4)(x+2y-3)$

2 実数／集合

問題:20ページ

基本練習

1 解答　(1) 6　(2) $\sqrt{5}$　(3) 12　(4) 4

解説

(1)　原式 $=\sqrt{2\times18}=\sqrt{36}=6$

【別解】　原式 $=\sqrt{2}\times3\sqrt{2}=2\times3=6$

(2)　原式 $=\sqrt{\dfrac{35}{7}}=\sqrt{5}$

(3)　原式 $=\sqrt{3\times6\times8}=\sqrt{144}=12$

【別解】　原式 $=\sqrt{3}\times\sqrt{2}\times\sqrt{3}\times2\sqrt{2}$

$=2\times2\times3=12$

(4)　原式 $=\sqrt{\dfrac{20\times12}{15}}=\sqrt{16}=4$

【別解】　原式 $=\dfrac{\sqrt{20}\times\sqrt{12}}{\sqrt{15}}$

$=\dfrac{2\sqrt{5}\times2\sqrt{3}}{\sqrt{3}\times\sqrt{5}}=2\times2=4$

2 解答　(1) $5\sqrt{7}$　(2) $3\sqrt{3}$　(3) $\sqrt{5}$　(4) $\sqrt{2}$

解説

$k\sqrt{a}$ の形にして，$\sqrt{}$ の部分が同じ数をまとめる。

(1)　原式 $=3\sqrt{7}+2\sqrt{7}=(3+2)\sqrt{7}$

$=5\sqrt{7}$

(2)　原式 $=4\sqrt{3}-\sqrt{3}=(4-1)\sqrt{3}$

$=3\sqrt{3}$

(3)　原式 $=2\sqrt{5}-4\sqrt{5}+3\sqrt{5}$

$=(2-4+3)\sqrt{5}=\sqrt{5}$

(4)　原式 $=6\sqrt{2}-2\sqrt{2}-3\sqrt{2}$

$=(6-2-3)\sqrt{2}=\sqrt{2}$

3 解答　(1) $7\sqrt{5}+16$　(2) $4\sqrt{6}+14$　(3) $9-6\sqrt{2}$　(4) -2　(5) 9　(6) $4\sqrt{6}+9$

解説

$\sqrt{}$ のついた数を 1 つの文字とみて，乗法公式を利用する。

(1)　原式

$=\sqrt{5}\times3+\sqrt{5}\times2\sqrt{5}+2\times3+2\times2\sqrt{5}$

$=3\sqrt{5}+10+6+4\sqrt{5}=7\sqrt{5}+16$

(2)　原式

$=(2\sqrt{3})^2+2\times2\sqrt{3}\times\sqrt{2}+(\sqrt{2})^2$

$=12+4\sqrt{6}+2=4\sqrt{6}+14$

(3)　原式

$=(\sqrt{6})^2-2\times\sqrt{6}\times\sqrt{3}+(\sqrt{3})^2$

$=6-2\times\sqrt{2}\times\sqrt{3}\times\sqrt{3}+3=9-6\sqrt{2}$

(4)　原式 $=(\sqrt{7})^2-3^2=7-9=-2$

(5)　原式 $=(3\sqrt{5}+6)(3\sqrt{5}-6)$

$=(3\sqrt{5})^2-6^2=45-36=9$

(6) 原式 $=(\sqrt{6})^2+(1+3)\sqrt{6}+1\times 3$
$=6+4\sqrt{6}+3=4\sqrt{6}+9$

4 解答 (1) $3\sqrt{3}$ (2) $\dfrac{\sqrt{10}}{5}$ (3) $\dfrac{\sqrt{6}}{4}$
(4) $\dfrac{3\sqrt{2}}{5}$

解説

(1) 原式 $=\dfrac{9\times\sqrt{3}}{\sqrt{3}\times\sqrt{3}}=\dfrac{9\sqrt{3}}{3}=3\sqrt{3}$

(2) 原式 $=\dfrac{\sqrt{2}\times\sqrt{5}}{\sqrt{5}\times\sqrt{5}}=\dfrac{\sqrt{10}}{5}$

(3) 原式 $=\dfrac{3\times\sqrt{6}}{2\sqrt{6}\times\sqrt{6}}=\dfrac{3\sqrt{6}}{12}=\dfrac{\sqrt{6}}{4}$

(4) 原式 $=\dfrac{6}{5\sqrt{2}}=\dfrac{6\times\sqrt{2}}{5\sqrt{2}\times\sqrt{2}}=\dfrac{6\sqrt{2}}{10}$
$=\dfrac{3\sqrt{2}}{5}$

5 解答 (1) $5-2\sqrt{5}$ (2) $\dfrac{\sqrt{7}+\sqrt{3}}{2}$
(3) $4\sqrt{3}-6$ (4) $\sqrt{3}+2$

解説

$(\sqrt{a}+\sqrt{b})(\sqrt{a}+\sqrt{b})=a-b$ を利用して，分母の$\sqrt{\ }$を消す。

(1) 原式 $=\dfrac{\sqrt{5}(\sqrt{5}-2)}{(\sqrt{5}+2)(\sqrt{5}-2)}$
$=\dfrac{(\sqrt{5})^2+\sqrt{5}\times(-2)}{(\sqrt{5})^2-2^2}=\dfrac{5-2\sqrt{5}}{5-4}$
$=5-2\sqrt{5}$

(2) 原式 $=\dfrac{2(\sqrt{7}+\sqrt{3})}{(\sqrt{7}-\sqrt{3})(\sqrt{7}+\sqrt{3})}$
$=\dfrac{2(\sqrt{7}+\sqrt{3})}{(\sqrt{7})^2-(\sqrt{3})^2}=\dfrac{2(\sqrt{7}+\sqrt{3})}{7-3}$
$=\dfrac{2(\sqrt{7}+\sqrt{3})}{4}=\dfrac{\sqrt{7}+\sqrt{3}}{2}$

(3) 原式 $=\dfrac{2\sqrt{3}(\sqrt{3}-2)}{(\sqrt{3}+2)(\sqrt{3}-2)}$
$=\dfrac{2\sqrt{3}\times\sqrt{3}+2\sqrt{3}\times(-2)}{(\sqrt{3})^2-2^2}$
$=\dfrac{6-4\sqrt{3}}{3-4}=\dfrac{6-4\sqrt{3}}{-1}=4\sqrt{3}-6$

(4) 原式 $=\dfrac{(\sqrt{6}+\sqrt{2})^2}{(\sqrt{6}-\sqrt{2})(\sqrt{6}+\sqrt{2})}$
$=\dfrac{(\sqrt{6})^2+2\times\sqrt{6}\times\sqrt{2}+(\sqrt{2})^2}{(\sqrt{6})^2-(\sqrt{2})^2}$
$=\dfrac{4\sqrt{3}+8}{4}=\sqrt{3}+2$

6 解答 (1) $1.\dot{6}$ (2) $2.\dot{2}\dot{7}$ (3) $0.\dot{1}3\dot{5}$

解説

(1) $\dfrac{5}{3}=1.6666\cdots$ で，6 がくり返されるから，6 の上に記号・をつける。

(2) $\dfrac{25}{11}=2.272727\cdots$ で，27 がくり返されるから，2 と 7 の上に記号・をつける。

(3) $\dfrac{5}{37}=0.135135135\cdots$ で，135 がくり返されるから，1 と 5 の上に記号・をつける。

ミス対策 3 つ以上の数字がくり返される循環小数は，**最初と最後の数字の上に記号・をつける**。

7 解答 (1) $\dfrac{5}{9}$ (2) $\dfrac{7}{3}$

解説

1 つの数字がくり返されるときは，$10x$ と x の差を考える。

(1) $x=0.5555\cdots$ とおくと，
$10x=5.5555\cdots$ と表せる。
$10x$ と x の差を計算すると，

$$\begin{array}{rr} & 10x=5.5555\cdots \\ -) & x=0.5555\cdots \\ \hline & 9x=5 \end{array}$$

x を分数で表すと，$x=\dfrac{5}{9}$

(2) $x=2.3333\cdots$ とおくと，
$10x=23.3333\cdots$ と表せる。
$10x$ と x の差を計算すると，

$$\begin{array}{rr} & 10x=23.3333\cdots \\ -) & x=\ 2.3333\cdots \\ \hline & 9x=21 \end{array}$$

x を分数で表すと，$x=\dfrac{21}{9}=\dfrac{7}{3}$

8 解答　(1) 21　(2) 46

解説

(1)　$10101_{(2)}=1\times2^4+0\times2^3+1\times2^2+0\times2^1+1\times2^0=16+0+4+0+1=21$

(2)　$101110_{(2)}=1\times2^5+0\times2^4+1\times2^3+1\times2^2+1\times2^1+0\times2^0$
$=32+0+8+4+2+0=46$

9 解答　(1) $A=\{1,\ 2,\ 3,\ 4,\ 6,\ 12\}$，$B=\{1,\ 2,\ 3,\ 6,\ 9,\ 18\}$　(2) 4 個

解説

(1)　集合 A は，12 の正の約数を｛　｝の中に書き並べ，集合 B は，18 の正の約数を｛　｝の中に書き並べる。

(2)　(1)より，$A\cap B=\{1,\ 2,\ 3,\ 6\}$
集合 $A\cap B$ の要素の個数は 4 個。

STEP 2　実戦練習

1 解答　(1) $6\sqrt{2}$　(2) $\sqrt{5}$　(3) $2\sqrt{3}$
(4) $-4\sqrt{6}$　(5) $\dfrac{3\sqrt{2}}{4}$　(6) $\dfrac{\sqrt{3}}{6}$
(7) $\dfrac{4\sqrt{7}}{7}$　(8) $\dfrac{4\sqrt{5}}{5}$

解説

(1)　原式 $=\dfrac{8\times\sqrt{2}}{\sqrt{2}\times\sqrt{2}}+2\sqrt{2}$
$=\dfrac{8\sqrt{2}}{2}+2\sqrt{2}=4\sqrt{2}+2\sqrt{2}=6\sqrt{2}$

(2)　原式 $=4\sqrt{5}-\dfrac{15\times\sqrt{5}}{\sqrt{5}\times\sqrt{5}}$
$=4\sqrt{5}-\dfrac{15\sqrt{5}}{5}=4\sqrt{5}-3\sqrt{5}=\sqrt{5}$

(3)　原式 $=\sqrt{3}-2\sqrt{3}+\dfrac{9\times\sqrt{3}}{\sqrt{3}\times\sqrt{3}}$
$=\sqrt{3}-2\sqrt{3}+\dfrac{9\sqrt{3}}{3}$
$=\sqrt{3}-2\sqrt{3}+3\sqrt{3}=2\sqrt{3}$

(4)　原式 $=3\sqrt{6}-\dfrac{30\times\sqrt{6}}{\sqrt{6}\times\sqrt{6}}-2\sqrt{6}$
$=3\sqrt{6}-\dfrac{30\sqrt{6}}{6}-2\sqrt{6}$
$=3\sqrt{6}-5\sqrt{6}-2\sqrt{6}=-4\sqrt{6}$

(5)　原式 $=\dfrac{2}{2\sqrt{2}}+\dfrac{2}{4\sqrt{2}}=\dfrac{2}{2\sqrt{2}}+\dfrac{1}{2\sqrt{2}}$
$=\dfrac{3}{2\sqrt{2}}=\dfrac{3\times\sqrt{2}}{2\sqrt{2}\times\sqrt{2}}=\dfrac{3\sqrt{2}}{4}$

(6)　原式 $=\dfrac{4}{2\sqrt{3}}-\dfrac{6}{4\sqrt{3}}=\dfrac{4}{2\sqrt{3}}-\dfrac{3}{2\sqrt{3}}$
$=\dfrac{1}{2\sqrt{3}}=\dfrac{1\times\sqrt{3}}{2\sqrt{3}\times\sqrt{3}}=\dfrac{\sqrt{3}}{6}$

(7)　原式 $=\dfrac{3}{3\sqrt{7}}+\sqrt{7}-\dfrac{8}{2\sqrt{7}}$
$=\dfrac{1}{\sqrt{7}}+\sqrt{7}-\dfrac{4}{\sqrt{7}}=\sqrt{7}-\dfrac{3}{\sqrt{7}}$
$=\sqrt{7}-\dfrac{3\times\sqrt{7}}{\sqrt{7}\times\sqrt{7}}=\sqrt{7}-\dfrac{3\sqrt{7}}{7}$
$=\dfrac{7\sqrt{7}}{7}-\dfrac{3\sqrt{7}}{7}=\dfrac{4\sqrt{7}}{7}$

(8)　原式 $=\sqrt{5}+\dfrac{4}{2\sqrt{5}}-\dfrac{9}{3\sqrt{5}}$
$=\sqrt{5}+\dfrac{2}{\sqrt{5}}-\dfrac{3}{\sqrt{5}}=\sqrt{5}-\dfrac{1}{\sqrt{5}}$
$=\sqrt{5}-\dfrac{1\times\sqrt{5}}{\sqrt{5}\times\sqrt{5}}=\sqrt{5}-\dfrac{\sqrt{5}}{5}$
$=\dfrac{5\sqrt{5}}{5}-\dfrac{\sqrt{5}}{5}=\dfrac{4\sqrt{5}}{5}$

2 解答　(1) $\sqrt{6}+\sqrt{3}$　(2) $5\sqrt{6}-6$
(3) $4\sqrt{3}$　(4) -17　(5) 9　(6) $\sqrt{3}-8$
(7) $5-2\sqrt{2}$　(8) $35-18\sqrt{5}$
(9) $6+2\sqrt{2}+2\sqrt{6}+2\sqrt{3}$
(10) $25+4\sqrt{10}-8\sqrt{6}-4\sqrt{15}$

解説

(1)　原式 $=\sqrt{6}-\sqrt{12}+3\sqrt{3}$
$=\sqrt{6}-2\sqrt{3}+3\sqrt{3}=\sqrt{6}+\sqrt{3}$

(2)　原式 $=2\sqrt{6}-\sqrt{3}(2\sqrt{3}-3\sqrt{2})$
$=2\sqrt{6}-6+3\sqrt{6}=5\sqrt{6}-6$

(3)　原式 $=(3\sqrt{2}+\sqrt{6})(\sqrt{6}-\sqrt{2})$
$=6\sqrt{3}-6+6-2\sqrt{3}=4\sqrt{3}$

(4)　原式 $=(3\sqrt{5}+2\sqrt{7})(2\sqrt{7}-3\sqrt{5})$
$=(2\sqrt{7}+3\sqrt{5})(2\sqrt{7}-3\sqrt{5})$
$=(2\sqrt{7})^2-(3\sqrt{5})^2=28-45=-17$

(5) 原式 $=(\sqrt{2})^2-2\times\sqrt{2}\times\sqrt{7}+(\sqrt{7})^2+\dfrac{4\sqrt{7}\times\sqrt{2}}{\sqrt{2}\times\sqrt{2}}$

$=2-2\sqrt{14}+7+\dfrac{4\sqrt{14}}{2}$

$=9-2\sqrt{14}+2\sqrt{14}=9$

(6) 原式 $=\dfrac{15\times\sqrt{3}}{\sqrt{3}\times\sqrt{3}}-\{(\sqrt{6})^2+2\times\sqrt{6}\times\sqrt{2}+(\sqrt{2})^2\}$

$=\dfrac{15\sqrt{3}}{3}-(6+4\sqrt{3}+2)$

$=5\sqrt{3}-8-4\sqrt{3}=\sqrt{3}-8$

(7) 原式 $=(2\sqrt{2}-3)(2\sqrt{2}+1)+\dfrac{12}{3\sqrt{2}}$

$=(2\sqrt{2})^2+(-3+1)\times2\sqrt{2}+(-3)\times1+\dfrac{4\times\sqrt{2}}{\sqrt{2}\times\sqrt{2}}$

$=8-4\sqrt{2}-3+2\sqrt{2}=5-2\sqrt{2}$

(8) 原式 $=(5-\sqrt{5})(5-2\sqrt{5})-\dfrac{30}{2\sqrt{5}}$

$=5^2+\{(-\sqrt{5})+(-2\sqrt{5})\}\times5+(-\sqrt{5})\times(-2\sqrt{5})-\dfrac{30\times\sqrt{5}}{2\sqrt{5}\times\sqrt{5}}$

$=25+(-3\sqrt{5})\times5+10-\dfrac{30\sqrt{5}}{10}$

$=25-15\sqrt{5}+10-3\sqrt{5}=35-18\sqrt{5}$

(9) 原式 $=1^2+(\sqrt{2})^2+(\sqrt{3})^2+2\times1\times\sqrt{2}+2\times\sqrt{2}\times\sqrt{3}+2\times\sqrt{3}\times1$

$=1+2+3+2\sqrt{2}+2\sqrt{6}+2\sqrt{3}$

$=6+2\sqrt{2}+2\sqrt{6}+2\sqrt{3}$

(10) 原式 $=(\sqrt{5}+2\sqrt{2}-2\sqrt{3})^2$

$=(\sqrt{5})^2+(2\sqrt{2})^2+(2\sqrt{3})^2+2\times\sqrt{5}\times2\sqrt{2}+2\times2\sqrt{2}\times(-2\sqrt{3})+2\times(-2\sqrt{3})\times\sqrt{5}$

$=5+8+12+4\sqrt{10}-8\sqrt{6}-4\sqrt{15}$

$=25+4\sqrt{10}-8\sqrt{6}-4\sqrt{15}$

3 解答 (1) 6 (2) -12 (3) $\dfrac{13+4\sqrt{10}}{3}$

(4) $-9\sqrt{2}-7$ (5) 21 (6) -1

解説

(1) 原式 $=\dfrac{4(3-\sqrt{7})}{(3+\sqrt{7})(3-\sqrt{7})}+2\sqrt{7}$

$=\dfrac{4(3-\sqrt{7})}{3^2-(\sqrt{7})^2}+2\sqrt{7}$

$=\dfrac{4(3-\sqrt{7})}{2}+2\sqrt{7}=2(3-\sqrt{7})+2\sqrt{7}$

$=6-2\sqrt{7}+2\sqrt{7}=6$

(2) 原式 $=\dfrac{18(\sqrt{10}+4)}{(\sqrt{10}-4)(\sqrt{10}+4)}+3\sqrt{10}$

$=\dfrac{18(\sqrt{10}+4)}{(\sqrt{10})^2-4^2}+3\sqrt{10}$

$=\dfrac{18(\sqrt{10}+4)}{-6}+3\sqrt{10}$

$=-3(\sqrt{10}+4)+3\sqrt{10}$

$=-3\sqrt{10}-12+3\sqrt{10}=-12$

(3) 原式 $=\dfrac{2(2\sqrt{2}+\sqrt{5})}{2(2\sqrt{2}-\sqrt{5})}=\dfrac{2\sqrt{2}+\sqrt{5}}{2\sqrt{2}-\sqrt{5}}$

$=\dfrac{(2\sqrt{2}+\sqrt{5})^2}{(2\sqrt{2}-\sqrt{5})(2\sqrt{2}+\sqrt{5})}$

$=\dfrac{(2\sqrt{2})^2+2\times2\sqrt{2}\times\sqrt{5}+(\sqrt{5})^2}{(2\sqrt{2})^2-(\sqrt{5})^2}$

$=\dfrac{8+4\sqrt{10}+5}{8-5}=\dfrac{13+4\sqrt{10}}{3}$

(4) 原式 $=\dfrac{(3\sqrt{6}-4\sqrt{3})^2}{(3\sqrt{6}+4\sqrt{3})(3\sqrt{6}-4\sqrt{3})}-\sqrt{6}(4\sqrt{6}-\sqrt{3})$

$=\dfrac{(3\sqrt{6})^2-2\times3\sqrt{6}\times4\sqrt{3}+(4\sqrt{3})^2}{(3\sqrt{6})^2-(4\sqrt{3})^2}-24+3\sqrt{2}$

$=\dfrac{54-72\sqrt{2}+48}{54-48}-24+3\sqrt{2}$

$=17-12\sqrt{2}-24+3\sqrt{2}=-9\sqrt{2}-7$

(5) 原式 $=\dfrac{6(5\sqrt{6}+12)}{(5\sqrt{6}-12)(5\sqrt{6}+12)}-\sqrt{3}(5\sqrt{2}-3\sqrt{3})$

$=\dfrac{6(5\sqrt{6}+12)}{(5\sqrt{6})^2-12^2}-5\sqrt{6}+9$

$=\dfrac{6(5\sqrt{6}+12)}{6}-5\sqrt{6}+9$

$=5\sqrt{6}+12-5\sqrt{6}+9=21$

(6)　原式 $=\dfrac{2(\sqrt{6}+2)}{(\sqrt{6}-2)(\sqrt{6}+2)}$

$-\dfrac{\sqrt{3}(\sqrt{3}+\sqrt{2})}{(\sqrt{3}-\sqrt{2})(\sqrt{3}+\sqrt{2})}$

$=\dfrac{2(\sqrt{6}+2)}{(\sqrt{6})^2-2^2}-\dfrac{\sqrt{3}(\sqrt{3}+\sqrt{2})}{(\sqrt{3})^2-(\sqrt{2})^2}$

$=\dfrac{2(\sqrt{6}+2)}{2}-\sqrt{3}(\sqrt{3}+\sqrt{2})$

$=\sqrt{6}+2-3-\sqrt{6}=-1$

(1) $\dfrac{17}{11}$　(2) $\dfrac{18}{37}$

解説

(1)　2つの数字がくり返されるときは，$100x$ と x の差を考える。

$x=1.545454\cdots$ とおくと，

$100x=154.545454\cdots$ と表せる。

$100x$ と x の差を計算すると，

$$\begin{array}{rr} & 100x=154.5454\cdots \\ -) & x=\quad 1.5454\cdots \\ \hline & 99x=153 \end{array}$$

x を分数で表すと，$x=\dfrac{153}{99}=\dfrac{17}{11}$

(2)　3つの数字がくり返されるときは，$1000x$ と x の差を考える。

$x=0.486486486\cdots$ とおくと，

$1000x=486.486486486\cdots$ と表せる。

$1000x$ と x の差を計算すると，

$$\begin{array}{rr} & 1000x=486.486486\cdots \\ -) & x=\quad 0.486486\cdots \\ \hline & 999x=486 \end{array}$$

x を分数で表すと，$x=\dfrac{486}{999}=\dfrac{18}{37}$

5 解答　(1) 85　(2) 231

解説

(1)　$1010101_{(2)}$

$=1\times2^6+0\times2^5+1\times2^4+0\times2^3+1\times2^2+0\times2^1+1\times2^0$

$=64+0+16+0+4+0+1=85$

(2)　$11100111_{(2)}$

$=1\times2^7+1\times2^6+1\times2^5+0\times2^4+0\times2^3+1\times2^2+1\times2^1+1\times2^0$

$=128+64+32+0+0+4+2+1=231$

6 解答　(1) $110010_{(2)}$　(2) $1101101_{(2)}$

解説

(1)　右のように，50を2で次々にわって余りを求め，余りを下から順に並べる。

よって，

$50=110010_{(2)}$

$$\begin{array}{rrl} 2 &)\ 50 & \\ 2 &)\ 25 & \cdots\cdots 0 \\ 2 &)\ 12 & \cdots\cdots 1 \\ 2 &)\ 6 & \cdots\cdots 0 \\ 2 &)\ 3 & \cdots\cdots 0 \\ 2 &)\ 1 & \cdots\cdots 1 \\ & 0 & \cdots\cdots 1 \end{array}$$

(2)　右のように，109を2で次々にわって余りを求め，余りを下から順に並べる。

よって，

$109=1101101_{(2)}$

$$\begin{array}{rrl} 2 &)\ 109 & \\ 2 &)\ 54 & \cdots\cdots 1 \\ 2 &)\ 27 & \cdots\cdots 0 \\ 2 &)\ 13 & \cdots\cdots 1 \\ 2 &)\ 6 & \cdots\cdots 1 \\ 2 &)\ 3 & \cdots\cdots 0 \\ 2 &)\ 1 & \cdots\cdots 1 \\ & 0 & \cdots\cdots 1 \end{array}$$

7 解答　(1) 10個　(2) 80個

解説

(1)　$A\cap B$ は4と5の最小公倍数20の倍数だから，

$A\cap B=\{20\times1,\ 20\times2,\ 20\times3,\ \cdots,\ 20\times10\}$

集合 $A\cap B$ の要素の個数は10個。

(2)　集合 A の要素の個数が有限のとき，その個数を $n(A)$ で表す。

$\boldsymbol{n(A\cup B)=n(A)+n(B)-n(A\cap B)}$

を利用する。

$A=\{4\times1,\ 4\times2,\ 4\times3,\ \cdots4\times50\}$

だから，$n(A)=50$

$B=\{5\times1,\ 5\times2,\ 5\times3,\ \cdots,\ 5\times40\}$

だから，$n(B)=40$

$n(A\cup B)=n(A)+n(B)-n(A\cap B)$

$=50+40-10=80$(個)

③ 方程式と不等式

問題:26ページ

STEP 1 基本練習

1 解答 (1) $x=\pm 3$ (2) $x=\pm\sqrt{2}$
(3) $x=\pm 2\sqrt{3}$ (4) $x=\pm\dfrac{\sqrt{3}}{2}$
(5) $x=1\pm\sqrt{5}$ (6) $x=-1,\ -5$

解説

(1)~(4)は，$\boldsymbol{x^2=p \Rightarrow x=\pm\sqrt{p}}$
(5)，(6)は，$\boldsymbol{(x+m)^2=n}$
$\Rightarrow$ $\boldsymbol{x+m=\pm\sqrt{n},\ x=-m\pm\sqrt{n}}$

(1) $x^2=9,\ x=\pm\sqrt{9}=\pm 3$
(2) $4x^2=8,\ x^2=2,\ x=\pm\sqrt{2}$
(3) $3x^2-36=0,\ 3x^2=36,\ x^2=12,$
$x=\pm\sqrt{12}=\pm 2\sqrt{3}$
(4) $x^2=\dfrac{3}{4}, x=\pm\sqrt{\dfrac{3}{4}}=\pm\dfrac{\sqrt{3}}{\sqrt{4}}=\pm\dfrac{\sqrt{3}}{2}$

ミス対策 答えが分母に$\sqrt{\ }$がついた数のときは，分母を有理化して答える。

(5) $(x-1)^2=5,\ x-1=\pm\sqrt{5},$
$x=1\pm\sqrt{5}$
(6) $(x+3)^2=4,\ x+3=\pm 2,$
$x=-3\pm 2,\ x=-3+2=-1,$
$x=-3-2=-5$

2 解答 (1) $x=-1\pm\sqrt{3}$
(2) $x=3\pm\sqrt{6}$ (3) $x=2\pm\sqrt{7}$
(4) $x=-5\pm\sqrt{10}$

解説

$\boldsymbol{(x+m)^2=n}$ の形に変形して解く。

(1) $x^2+2x-2=0,$
$x^2+2x+1=2+1,\ (x+1)^2=3,$
$x+1=\pm\sqrt{3},\ x=-1\pm\sqrt{3}$
(2) $x^2-6x+3=0,$
$x^2-6x+9=-3+9,\ (x-3)^2=6,$
$x-3=\pm\sqrt{6},\ x=3\pm\sqrt{6}$
(3) $x^2-4x-3=0,$
$x^2-4x+4=3+4,\ (x-2)^2=7,$
$x-2=\pm\sqrt{7},\ x=2\pm\sqrt{7}$
(4) $x^2+10x+15=0,$
$x^2+10x+25=-15+25,$
$(x+5)^2=10,\ x+5=\pm\sqrt{10},$
$x=-5\pm\sqrt{10}$

3 解答 (1) $x=\dfrac{-5\pm\sqrt{13}}{2}$
(2) $x=\dfrac{3\pm\sqrt{17}}{2}$ (3) $x=\dfrac{-1\pm\sqrt{33}}{2}$
(4) $x=\dfrac{7\pm\sqrt{65}}{2}$

解説

解の公式 $\boldsymbol{x=\dfrac{-b\pm\sqrt{b^2-4ac}}{2a}}$ を使って解く。

(1) $x=\dfrac{-5\pm\sqrt{5^2-4\cdot 1\cdot 3}}{2\cdot 1}$
$=\dfrac{-5\pm\sqrt{25-12}}{2}=\dfrac{-5\pm\sqrt{13}}{2}$
(2) $x=\dfrac{-(-3)\pm\sqrt{(-3)^2-4\cdot 1\cdot(-2)}}{2\cdot 1}$
$=\dfrac{3\pm\sqrt{9+8}}{2}=\dfrac{3\pm\sqrt{17}}{2}$
(3) $x=\dfrac{-1\pm\sqrt{1^2-4\cdot 1\cdot(-8)}}{2\cdot 1}$
$=\dfrac{-1\pm\sqrt{1+32}}{2}=\dfrac{-1\pm\sqrt{33}}{2}$
(4) $x=\dfrac{-(-7)\pm\sqrt{(-7)^2-4\cdot 1\cdot(-4)}}{2\cdot 1}$
$=\dfrac{7\pm\sqrt{49+16}}{2}=\dfrac{7\pm\sqrt{65}}{2}$

4 解答 (1) $x=1,\ 3$ (2) $x=-2,\ -6$
(3) $x=-5,\ 4$ (4) $x=-2,\ 9$
(5) $x=-4$ (6) $x=7$

解説

左辺を因数分解して，
$\boldsymbol{(x+a)(x+b)=0 \to x=-a,}$
$\boldsymbol{x=-b}$ として解く。

(1) $x^2-4x+3=0,\ (x-1)(x-3)=0,$
$x-1=0$ または $x-3=0,\ x=1,\ 3$

(2)　$x^2+8x+12=0$, $(x+2)(x+6)=0$,

$x+2=0$ または $x+6=0$,

$x=-2,\ -6$

(3)　$x^2+x-20=0$, $(x+5)(x-4)=0$,

$x+5=0$ または $x-4=0$, $x=-5,\ 4$

(4)　$x^2-7x-18=0$, $(x+2)(x-9)=0$,

$x+2=0$ または $x-9=0$, $x=-2,\ 9$

(5)　$x^2+8x+16=0$, $(x+4)^2=0$,

$x+4=0$, $x=-4$

(6)　$x^2-14x+49=0$, $(x-7)^2=0$,

$x-7=0$, $x=7$

5 解答　(1) $x=\pm9$　(2) $x=7,\ 1$

(3) $x=8,\ 4$　(4) $x=2,\ -8$

解説

$a>0$ のとき, **方程式 $|x|=a$ の解は, $x=\pm a$**

(1)　$|x|=9$, $x=\pm9$

(2)　$|x-4|=3$, $x-4=\pm3$, $x=4\pm3$,

$x=4+3=7$, $x=4-3=1$

(3)　$|x-6|=2$, $x-6=\pm2$, $x=6\pm2$,

$x=6+2=8$, $x=6-2=4$

(4)　$|x+3|=5$, $x+3=\pm5$,

$x=-3\pm5$, $x=-3+5=2$,

$x=-3-5=-8$

6 解答　(1) $-3<x<3$

(2) $x<-8,\ 8<x$　(3) $4<x<6$

(4) $x<-6,\ 2<x$

解説

$a>0$ のとき,

不等式 $|x|<a$ の解は, $-a<x<a$

不等式 $|x|>a$ の解は, $x<-a,\ a<x$

(1)　$|x|<3$, $-3<x<3$

(2)　$|x|>8$, $x<-8,\ 8<x$

(3)　$|x-5|<1$, $-1<x-5<1$,

$-1+5<x-5+5<1+5$, $4<x<6$

(4)　$|x+2|>4$, $x+2<-4$, $4<x+2$,

$x+2-2<-4-2$, $x<-6$,

$4-2<x+2-2$, $2<x$

7 解答　(1) $x<4$　(2) $x>3$

(3) $x>-5$　(4) $x\geqq-2$

(5) $x<-6$　(6) $x>20$　(7) $x\geqq-2$

(8) $x>-5$　(9) $x\geqq2$　(10) $x>7$

解説

(1)　$x+2<6$　左辺の $+2$ を移項して,

$x<6-2$, $x<4$

(2)　$x-7>-4$　左辺の -7 を移項して, $x>-4+7$, $x>3$

(3)　$4x>-20$　両辺を 4 でわって,

$\dfrac{4x}{4}>\dfrac{-20}{4}$, $x>-5$

(4)　$-6x\leqq12$　両辺を -6 でわって,

$\dfrac{-6x}{-6}\geqq\dfrac{12}{-6}$, $x\geqq-2$

miss ミス対策　**不等式の両辺に同じ負の数をかけたり, 両辺を同じ負の数でわると不等号の向きが変わる。**

(5)　$\dfrac{1}{2}x<-3$　両辺に 2 をかけて,

$\dfrac{1}{2}x\times2<-3\times2$, $x<-6$

(6)　$-\dfrac{1}{5}x<-4$　両辺に -5 をかけて,

$-\dfrac{1}{5}x\times(-5)>-4\times(-5)$, $x>20$

(7)　$5x+6\geqq2x$, $5x-2x\geqq-6$,

$3x\geqq-6$, $x\geqq-2$

(8)　$2x<3x+5$, $2x-3x<5$, $-x<5$,

$x>-5$

(9)　$4x+5\geqq3x+7$, $4x-3x\geqq7-5$,

$x\geqq2$

(10)　$x+4<2x-3$, $x-2x<-3-4$,

$-x<-7$, $x>7$

STEP 2　実戦練習

1 解答　(1) $x=-2\pm2\sqrt{2}$

(2) $x=-2\pm2\sqrt{3}$

(3) $x=\dfrac{1\pm\sqrt{37}}{6}$ (4) $x=\dfrac{-7\pm\sqrt{17}}{8}$

(5) $x=3\pm2\sqrt{5}$ (6) $x=\dfrac{2\pm\sqrt{10}}{2}$

(7) $x=4\pm4\sqrt{2}$ (8) $x=9,\ 3$

(9) $x=\dfrac{3\pm\sqrt{6}}{3}$ (10) $x=-6\pm2\sqrt{7}$

(11) $x=9\pm4\sqrt{5}$ (12) $x=\dfrac{1\pm\sqrt{41}}{10}$

解説

(1) $5(x+2)^2=40$, $(x+2)^2=8$,
$x+2=\pm\sqrt{8}$, $x=-2\pm2\sqrt{2}$

(2) $x^2+4x-8=0$,
$x^2+4x+4=8+4$, $(x+2)^2=12$,
$x+2=\pm\sqrt{12}$, $x=-2\pm2\sqrt{3}$

(3) $x=\dfrac{-(-1)\pm\sqrt{(-1)^2-4\cdot3\cdot(-3)}}{2\cdot3}$
$=\dfrac{1\pm\sqrt{1+36}}{6}=\dfrac{1\pm\sqrt{37}}{6}$

(4) $x=\dfrac{-7\pm\sqrt{7^2-4\cdot4\cdot2}}{2\cdot4}$
$=\dfrac{-7\pm\sqrt{49-32}}{8}=\dfrac{-7\pm\sqrt{17}}{8}$

(5) $x^2-6x-11=0$,
$x^2-6x+9=11+9$, $(x-3)^2=20$,
$x-3=\pm\sqrt{20}$, $x=3\pm2\sqrt{5}$

(6) $x=\dfrac{-(-4)\pm\sqrt{(-4)^2-4\cdot2\cdot(-3)}}{2\cdot2}$
$=\dfrac{4\pm\sqrt{16+24}}{4}=\dfrac{4\pm\sqrt{40}}{4}$
$=\dfrac{4\pm2\sqrt{10}}{4}=\dfrac{2\pm\sqrt{10}}{2}$

【別解】 2次方程式 $ax^2+2b'x+c=0$ の解は，公式 $\boldsymbol{x=\dfrac{-b'\pm\sqrt{b'^2-ac}}{a}}$ で求めることができる。

$x=\dfrac{-(-2)\pm\sqrt{(-2)^2-2\cdot(-3)}}{2}$
$=\dfrac{2\pm\sqrt{4+6}}{2}=\dfrac{2\pm\sqrt{10}}{2}$

(7) $x^2-8x-16=0$,
$x^2-8x+16=16+16$, $(x-4)^2=32$,
$x-4=\pm\sqrt{32}$, $x=4\pm4\sqrt{2}$

(8) $4(x-6)^2=36$, $(x-6)^2=9$,
$x-6=\pm3$, $x=6\pm3$, $x=6+3=9$,
$x=6-3=3$

(9) $x=\dfrac{-(-6)\pm\sqrt{(-6)^2-4\cdot3\cdot1}}{2\cdot3}$
$=\dfrac{6\pm\sqrt{36-12}}{6}=\dfrac{6\pm\sqrt{24}}{6}$
$=\dfrac{6\pm2\sqrt{6}}{6}=\dfrac{3\pm\sqrt{6}}{3}$

(10) $x^2+12x+8=0$,
$x^2+12x+36=-8+36$,
$(x+6)^2=28$, $x+6=\pm\sqrt{28}$,
$x=-6\pm2\sqrt{7}$

(11) $x^2-18x+1=0$,
$x^2-18x+81=-1+81$,
$(x-9)^2=80$, $x-9=\pm\sqrt{80}$,
$x=9\pm4\sqrt{5}$

(12) $x=\dfrac{-(-1)\pm\sqrt{(-1)^2-4\cdot5\cdot(-2)}}{2\cdot5}$
$=\dfrac{1\pm\sqrt{1+40}}{10}=\dfrac{1\pm\sqrt{41}}{10}$

2 解答 (1) $x=-2,\ -4$

(2) $x=-3,\ 6$ (3) $x=12$

(4) $x=-7,\ 4$ (5) $x=-5,\ 9$

(6) $x=\dfrac{1}{2}$ (7) $x=-10,\ 7$

(8) $x=-\dfrac{1}{4}$ (9) $x=-3,\ \dfrac{1}{2}$

(10) $x=2,\ \dfrac{2}{3}$

解説

(9), (10)は，$\boldsymbol{acx^2+(ad+bc)x+bd=(ax+b)(cx+d)}$ を利用して，左辺を因数分解する。

(1) $x^2+6x+8=0$, $(x+2)(x+4)=0$,
$x=-2,\ -4$

(2)　$x^2-3x-18=0$, $(x+3)(x-6)=0$, $x=-3$，6

(3)　$x^2-24x+144=0$，$(x-12)^2=0$, $x=12$

(4)　$x^2+3x-28=0$, $(x+7)(x-4)=0$, $x=-7$，4

(5)　$x^2-4x-45=0$, $(x+5)(x-9)=0$, $x=-5$，9

(6)　$4x^2-4x+1=0$，$(2x-1)^2=0$, $x=\frac{1}{2}$

(7)　$x^2+3x-70=0$, $(x+10)(x-7)=0$, $x=-10$，7

(8)　$16x^2+8x+1=0$，$(4x+1)^2=0$, $x=-\frac{1}{4}$

(9)　$2x^2+5x-3=0$, $(x+3)(2x-1)=0$, $x=-3$，$\frac{1}{2}$

(10)　$3x^2-8x+4=0$, $(x-2)(3x-2)=0$, $x=2$，$\frac{2}{3}$

3 解答　(1) $x=1$　(2) $x=2$

解説

$A \geqq 0$ のとき，$|A|=A$, $A<0$ のとき，$|A|=-A$ を利用して，場合分けして解く。

(1)　$x-4 \geqq 0$, すなわち，$x \geqq 4$ のとき，
$|x-4|=x-4$
方程式は，
$x-4=3x$，$-2x=4$，$x=-2$
これは $x \geqq 4$ を満たさない。
$x-4<0$，すなわち，$x<4$ のとき，
$|x-4|=-(x-4)=-x+4$
方程式は，$-x+4=3x$,
$-4x=-4$，$x=1$
これは $x<4$ を満たす。
よって，方程式の解は，$x=1$

(2)　$x-12 \geqq 0$，すなわち，$x \geqq 12$ のとき，$|x-12|=x-12$　方程式は，
$x-12=5x$，$-4x=12$，$x=-3$
これは $x \geqq 12$ を満たさない。
$x-12<0$，すなわち，$x<12$ のとき，$|x-12|=-(x-12)=-x+12$
方程式は，$-x+12=5x$,
$-6x=-12$，$x=2$
これは $x<12$ を満たす。
よって，方程式の解は，$x=2$

4 解答　(1) $x>1$　(2) $x \leqq 3$

解説

(1)　$x-3 \geqq 0$, すなわち, $x \geqq 3$ のとき,
$|x-3|=x-3$　不等式は,
$x-3<2x$，$-x<3$，$x>-3$
$x \geqq 3$ と $x>-3$ の共通範囲は,
$x \geqq 3$　……①
$x-3<0$, すなわち, $x<3$ のとき,
$|x-3|=-x+3$　不等式は,
$-x+3<2x$，$-3x<-3$，$x>1$
$x<3$ と $x>1$ の共通範囲は,
$1<x<3$　……②
よって，不等式の解は，①，②を合わせた範囲だから，$x>1$

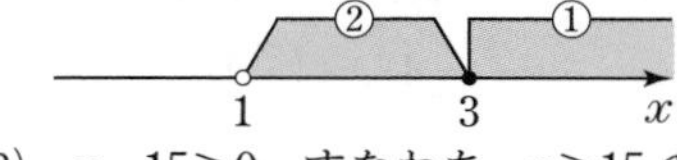

(2)　$x-15 \geqq 0$，すなわち，$x \geqq 15$ のとき，$|x-15|=x-15$　不等式は,
$x-15 \geqq 4x$，$-3x \geqq 15$，$x \leqq -5$
$x \geqq 15$ と $x \leqq -5$ の共通範囲はない。
$x-15<0$, すなわち, $x<15$ のとき,
$|x-15|=-x+15$　不等式は,
$-x+15 \geqq 4x$，$-5x \geqq -15$，$x \leqq 3$
$x<15$ と $x \leqq 3$ の共通範囲は,
$x \leqq 3$
よって，不等式の解は，$x \leqq 3$

5 解答　(1) $x \geqq \frac{5}{3}$　(2) $x>3$

(3) $x>6$　(4) $x<1$

解説

(1)　$-2x-5 \leqq 7x-20$,

$-2x-7x \leqq -20+5$,　$-9x \leqq -15$,

$x \geqq \frac{15}{9}$,　$x \geqq \frac{5}{3}$

(2)　$4x-10>11-3x$,

$4x+3x>11+10$,　$7x>21$,　$x>3$

(3)　$3(2x-5)>5x-9, 6x-15>5x-9$,

$6x-5x>-9+15$,　$x>6$

(4)　$3(x+3)<4(1-x)+12$,

$3x+9<4-4x+12$,

$3x+4x<4+12-9$,　$7x<7$,　$x<1$

6 解答　(1) $x \geqq 3$　(2) $x>-8$

(3) $x>6$　(4) $x \geqq -3$　(5) $x \leqq \frac{7}{4}$

(6) $x<-\frac{3}{2}$

解説

(1), (2)は，両辺に10をかけて，小数を含まない式にして解く。(3)～(6)は，両辺に分母の最小公倍数をかけて，分数を含まない式にして解く。

(1)　$0.3x-2.9 \geqq -2x+4$,

$(0.3x-2.9) \times 10 \geqq (-2x+4) \times 10$,

$3x-29 \geqq -20x+40$,

$3x+20x \geqq 40+29$,　$23x \geqq 69$,　$x \geqq 3$

(2)　$0.9x-0.8<1.3x+2.4$,

$(0.9x-0.8) \times 10<(1.3x+2.4) \times 10$,

$9x-8<13x+24$,　$9x-13x<24+8$,

$-4x<32$,　$x>-8$

(3)　$\frac{2}{3}x+2>\frac{1}{2}x+3$,

$\left(\frac{2}{3}x+2\right) \times 6>\left(\frac{1}{2}x+3\right) \times 6$,

$4x+12>3x+18$,　$4x-3x>18-12$,

$x>6$

(4)　$\frac{7}{6}x-1 \leqq \frac{5x-3}{4}$,

$\left(\frac{7}{6}x-1\right) \times 12 \leqq \frac{5x-3}{4} \times 12$,

$14x-12 \leqq 3(5x-3)$,

$14x-12 \leqq 15x-9$,

$14x-15x \leqq -9+12$,　$-x \leqq 3$,

$x \geqq -3$

(5)　$\frac{x+2}{5}+\frac{x-1}{3} \leqq 1$,

$\left(\frac{x+2}{5}+\frac{x-1}{3}\right) \times 15 \leqq 1 \times 15$,

$3(x+2)+5(x-1) \leqq 15$,

$3x+6+5x-5 \leqq 15$,

$8x \leqq 14$,　$x \leqq \frac{14}{8}$,　$x \leqq \frac{7}{4}$

(6)　$\frac{5x-9}{6}-\frac{3x-5}{2}>2$,

$\left(\frac{5x-9}{6}-\frac{3x-5}{2}\right) \times 6>2 \times 6$,

$(5x-9)-3(3x-5)>12$,

$5x-9-9x+15>12$,

$-4x>6$,　$x<\frac{6}{-4}$,　$x<-\frac{3}{2}$

7 解答　$-5 \leqq x<3$

解説

$$\begin{cases} 3x+4 \geqq x-6 & \cdots\cdots① \\ 5x-2>7x-8 & \cdots\cdots② \end{cases}$$

①の不等式を解くと，

$3x+4 \geqq x-6$,　$3x-x \geqq -6-4$,

$2x \geqq -10$,　$x \geqq -5$　……③

②の不等式を解くと，

$5x-2>7x-8$,　$5x-7x>-8+2$,

$-2x>-6$,　$x<3$　……④

連立不等式の解は，③，④の共通範囲だから，$-5 \leqq x<3$

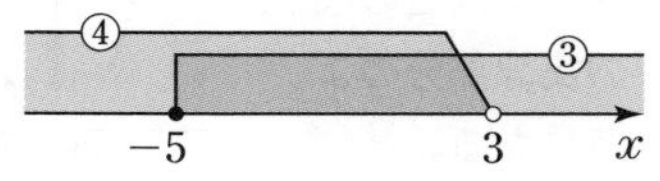

4 関数

問題:32ページ

STEP 1 基本練習

1 解答 (1) $a=3$ (2) $a=2$ (3) 4
(4) 3 (5) $3 \leqq y \leqq 12$

解説

(1) $y=ax^2$ に $x=2$, $y=12$ を代入すると, $12=a\times2^2$, $12=4a$, $a=3$

(2) 点$(-3,\ 18)$は放物線 $y=ax^2$ 上の点だから, $y=ax^2$ に $x=-3$, $y=18$ を代入すると,
$18=a\times(-3)^2$, $18=9a$, $a=2$

(3) **変化の割合 $=\dfrac{y\text{の増加量}}{x\text{の増加量}}$**
x の増加量は, $3-1=2$
y の増加量は, $3^2-1^2=9-1=8$
よって, 変化の割合は, $\dfrac{8}{2}=4$

【別解】 関数 $y=ax^2$ で, x の値が p から q まで増加するときの変化の割合は, $a(q+p)$で求めることができる。これを利用すると, $1\times(3+1)=4$

(4) x 増加量は, $-2-(-4)=2$
y の増加量は,
$-\dfrac{1}{2}\times(-2)^2-\left\{-\dfrac{1}{2}\times(-4)^2\right\}$
$=-2-(-8)=6$
よって, 変化の割合は, $\dfrac{6}{2}=3$

(5) 関数 $y=\dfrac{1}{3}x^2$ で, x の変域が $3\leqq x\leqq6$ のとき, グラフは右の図の実線部分のようになる。
したがって,

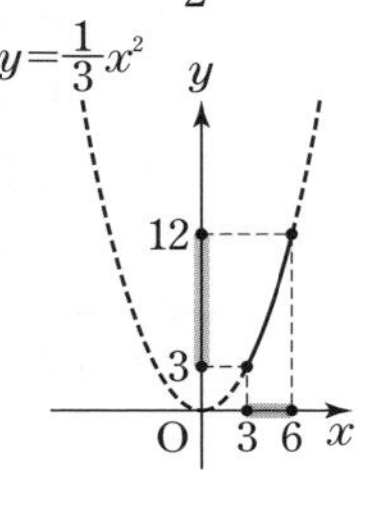

$x=3$ のとき, $y=\dfrac{1}{3}\times3^2=3$…最小値
$x=6$ のとき, $y=\dfrac{1}{3}\times6^2=12$…最大値
よって, y の変域は, $3\leqq y\leqq12$

2 解答 (1) $(-3,\ -5)$ (2) $(6,\ -36)$

解説

(1) 2次関数 $y=a(x-p)^2+q$ のグラフの, **頂点の座標は$(p,\ q)$**である。

ミス対策 $y=a(x-p)^2+q$ のグラフの頂点の座標を$(-p,\ q)$や$(p,\ -q)$としないように注意する。

(2) $y=x^2-12x=(x-6)^2-6^2$
$=(x-6)^2-36$
よって, 放物線の頂点の座標は, $(6,\ -36)$

3 解答 (1) $x<1$, $5<x$
(2) $-3<x<2$ (3) $x\leqq2$, $4\leqq x$
(4) $-5\leqq x\leqq3$

解説

(1) $(x-1)(x-5)=0$ を解くと, $x=1,\ 5$
$y=(x-1)(x-5)$のグラフで, $y>0$ となる x の値の範囲を求めると,
$x<1$, $5<x$

$y=(x-1)(x-5)$
1 5 x

(2) $(x+3)(x-2)=0$ を解くと, $x=-3,\ 2$
$y=(x+3)(x-2)$のグラフで, $y<0$ となる x の値の範囲を求めると,
$-3<x<2$

$y=(x+3)(x-2)$
-3 2 x

(3) $x^2-6x+8=0$ を解くと,
$(x-2)(x-4)=0$, $x=2,\ 4$

$y=x^2-6x+8$ のグラフで，$y \geqq 0$ となる x の値の範囲を求めると，

$y=x^2-6x+8$

$x \leqq 2$，$4 \leqq x$

(4) $x^2+2x-15=0$ を解くと，

$(x+5)(x-3)=0$，$x=-5$，3

$y=x^2+2x-15$ のグラフで，$y \leqq 0$ となる x の値の範囲を求めると，

$y=x^2+2x-15$

$-5 \leqq x \leqq 3$

STEP 2 実戦練習

1 解答 (1) $y=-24$　(2) -40

(3) $a=-\frac{3}{2}$　(4) $-9 \leqq y \leqq 0$

解説

(1) y は x の2乗に比例するから，$y=ax^2$ とおける。$y=ax^2$ に $x=3$，$y=-6$ を代入すると，

$-6=a \times 3^2$，$-6=9a$，$a=-\frac{2}{3}$

$y=-\frac{2}{3}x^2$ に $x=-6$ を代入すると，

$y=-\frac{2}{3} \times (-6)^2=-\frac{2}{3} \times 36=-24$

(2) x の増加量は，$-2-(-6)=4$

y の増加量は，

$5 \times (-2)^2-5 \times (-6)^2=-160$

よって，変化の割合は，

$\frac{-160}{4}=-40$

(3) x の増加量は，$7-3=4$

y の増加量は，$a \times 7^2-a \times 3^2=40a$

よって，変化の割合は，$\frac{40a}{4}=10a$

変化の割合が -15 だから，

$10a=-15$，$a=-\frac{3}{2}$

(4) 関数 $y=-\frac{1}{4}x^2$ で，x の変域が $-6 \leqq x \leqq 4$ のとき，グラフは下の図の実線部分のようになる。

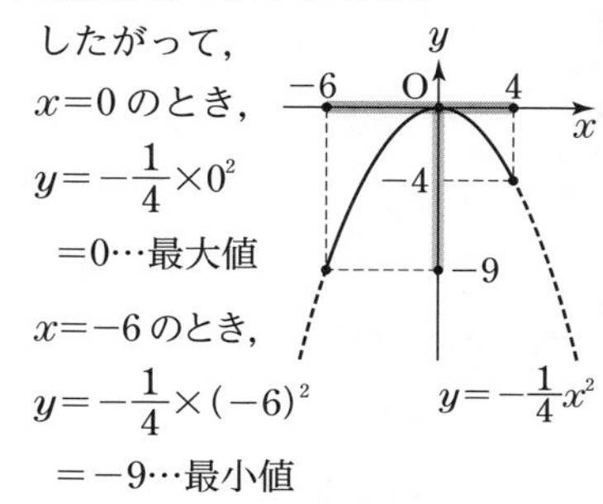

したがって，

$x=0$ のとき，

$y=-\frac{1}{4} \times 0^2$

$=0$…最大値

$x=-6$ のとき，

$y=-\frac{1}{4} \times (-6)^2$

$=-9$…最小値

よって，y の変域は，$-9 \leqq y \leqq 0$

2 解答 (1) $(2,\ 3)$　(2) $(-4,\ -2)$

解説

(1) $y=x^2-4x+7=(x-2)^2-2^2+7$

$=(x-2)^2+3$　よって，放物線の頂点の座標は，$(2,\ 3)$

(2) $y=x^2+8x+14=(x+4)^2-4^2+14$

$=(x+4)^2-2$　よって，放物線の頂点の座標は，$(-4,\ -2)$

3 解答 (1) $x<3$，$6<x$

(2) $-8<x<5$　(3) $\frac{1}{2} \leqq x \leqq 3$

(4) $x \leqq -2$，$\frac{4}{3} \leqq x$

(5) $2-\sqrt{3}<x<2+\sqrt{3}$

(6) $x \leqq -\frac{1}{2}$，$\frac{1}{3} \leqq x$

解説

$\alpha<\beta$ のとき，

$(x-\alpha)(x-\beta)>0$ の解は　$x<\alpha, \beta<x$

$(x-\alpha)(x-\beta)<0$ の解は　$\alpha<x<\beta$

(1) $x^2-9x+18=0$ を解くと，

$(x-3)(x-6)=0$，$x=3$，6

よって，$x^2-9x+18>0$ の解は，

$x<3$，$6<x$

(2) $x^2+3x-40=0$ を解くと，

$(x+8)(x-5)=0$, $x=-8$, 5
よって，$x^2+3x-40<0$ の解は，
$-8<x<5$

(3) $2x^2-7x+3=0$ を解くと，
$(x-3)(2x-1)=0$, $x=3$, $\frac{1}{2}$
よって，$2x^2-7x+3\leqq 0$ の解は，
$\frac{1}{2}\leqq x\leqq 3$

(4) $3x^2+2x-8=0$ を解くと，
$(x+2)(3x-4)=0$, $x=-2$, $\frac{4}{3}$
よって，$3x^2+2x-8\geqq 0$ の解は，
$x\leqq -2$, $\frac{4}{3}\leqq x$

(5) $x^2-4x+1=0$ を解くと，
$x^2-4x+4=-1+4$, $(x-2)^2=3$,
$x-2=\pm\sqrt{3}$, $x=2\pm\sqrt{3}$
よって，$x^2-4x+1<0$ の解は，
$2-\sqrt{3}<x<2+\sqrt{3}$

(6) 両辺に -1 をかけると，
$6x^2+x-1\geqq 0$
$6x^2+x-1=0$ を解くと，
$(2x+1)(3x-1)=0$, $x=-\frac{1}{2}$, $\frac{1}{3}$
よって，$6x^2+x-1\geqq 0$ の解は，
$x\leqq -\frac{1}{2}$, $\frac{1}{3}\leqq x$

miss ミス対策 x^2 の係数が負のときは，両辺に -1 をかけて，x^2 の係数を正にする。両辺に -1 をかけると，不等号の向きが変わることに注意する。

5 三角比

問題：36ページ

STEP 1 基本練習

1 解答 (1) $\sin A=\frac{3}{5}$, $\cos A=\frac{4}{5}$,
$\tan A=\frac{3}{4}$

(2) $\sin A=\frac{2}{\sqrt{5}}\left(=\frac{2\sqrt{5}}{5}\right)$,
$\cos A=\frac{1}{\sqrt{5}}\left(=\frac{\sqrt{5}}{5}\right)$,
$\tan A=2$

解説

次のような図で覚えるとよい。

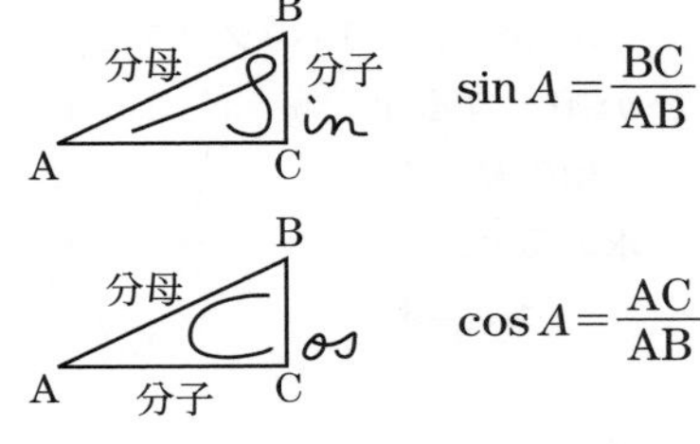

(1) $\sin A=\frac{BC}{AB}=\frac{3}{5}$, $\cos A=\frac{AC}{AB}=\frac{4}{5}$,
$\tan A=\frac{BC}{AC}=\frac{3}{4}$

(2) 三平方の定理より，
$AB=\sqrt{1^2+2^2}=\sqrt{1+4}=\sqrt{5}$
$\sin A=\frac{BC}{AB}=\frac{2}{\sqrt{5}}$,
$\cos A=\frac{AC}{AB}=\frac{1}{\sqrt{5}}$, $\tan A=\frac{BC}{AC}=\frac{2}{1}=2$

miss ミス対策 直角三角形ABCを，右の図のような向きに直して考えるとわかりやすい。

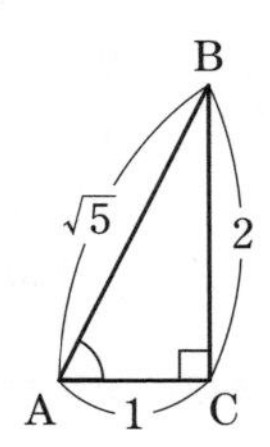

2 解答 (1) $\sin 45°=\frac{1}{\sqrt{2}}\left(=\frac{\sqrt{2}}{2}\right)$,
$\cos 45°=\frac{1}{\sqrt{2}}\left(=\frac{\sqrt{2}}{2}\right)$,
$\tan 45°=1$

(2) $\sin 60^\circ = \frac{\sqrt{3}}{2}$, $\cos 60^\circ = \frac{1}{2}$,

$\tan 60^\circ = \sqrt{3}$

解説

(1) $\sin 45^\circ = \frac{BC}{AB} = \frac{1}{\sqrt{2}}$

$\cos 45^\circ = \frac{AC}{AB} = \frac{1}{\sqrt{2}}$

$\tan 45^\circ = \frac{BC}{AC} = \frac{1}{1} = 1$

(2) $\sin 60^\circ = \frac{BC}{AB} = \frac{\sqrt{3}}{2}$

$\cos 60^\circ = \frac{AC}{AB} = \frac{1}{2}$

$\tan 60^\circ = \frac{BC}{AC} = \frac{\sqrt{3}}{1}$

$= \sqrt{3}$

3 解答 (1) $\cos 36^\circ$ (2) $\sin 23^\circ$

(3) $\frac{1}{\tan 18^\circ}$

解説

(1) $\sin(90^\circ - \theta) = \cos\theta$ より,

$\sin 54^\circ = \sin(90^\circ - 36^\circ) = \cos 36^\circ$

(2) $\cos(90^\circ - \theta) = \sin\theta$ より,

$\cos 67^\circ = \cos(90^\circ - 23^\circ) = \sin 23^\circ$

(3) $\tan(90^\circ - \theta) = \frac{1}{\tan\theta}$ より,

$\tan 72^\circ = \tan(90^\circ - 18^\circ) = \frac{1}{\tan 18^\circ}$

4 解答 (1) $\cos\theta = \frac{\sqrt{5}}{3}$

(2) $\tan\theta = \frac{2}{\sqrt{5}}\left(= \frac{2\sqrt{5}}{5}\right)$

解説

(1) $\sin^2\theta + \cos^2\theta = 1$ から,

$\cos^2\theta = 1 - \sin^2\theta = 1 - \left(\frac{2}{3}\right)^2$

$= 1 - \frac{4}{9} = \frac{5}{9}$

$0^\circ < \theta < 90^\circ$ より, $\cos\theta > 0$ だから,

$\cos\theta = \sqrt{\frac{5}{9}} = \frac{\sqrt{5}}{3}$

(2) $\tan\theta = \frac{\sin\theta}{\cos\theta} = \frac{2}{3} \div \frac{\sqrt{5}}{3}$

$= \frac{2}{3} \times \frac{3}{\sqrt{5}} = \frac{2}{\sqrt{5}}$

5 解答 (1) $\sin\theta = \frac{4}{5}$ (2) $\tan\theta = \frac{4}{3}$

解説

(1) $\sin^2\theta + \cos^2\theta = 1$ から,

$\sin^2\theta = 1 - \cos^2\theta = 1 - \left(\frac{3}{5}\right)^2$

$= 1 - \frac{9}{25} = \frac{16}{25}$

$0^\circ < \theta < 90^\circ$ より, $\sin\theta > 0$ だから,

$\sin\theta = \sqrt{\frac{16}{25}} = \frac{4}{5}$

(2) $\tan\theta = \frac{\sin\theta}{\cos\theta} = \frac{4}{5} \div \frac{3}{5} = \frac{4}{5} \times \frac{5}{3}$

$= \frac{4}{3}$

STEP 2 実戦練習

1 解答 (1) $\sin 135^\circ = \frac{1}{\sqrt{2}}\left(= \frac{\sqrt{2}}{2}\right)$,

$\cos 135^\circ = -\frac{1}{\sqrt{2}}\left(= -\frac{\sqrt{2}}{2}\right)$,

$\tan 135^\circ = -1$

(2) $\sin 150^\circ = \frac{1}{2}$, $\cos 150^\circ = -\frac{\sqrt{3}}{2}$

$\tan 150^\circ = -\frac{1}{\sqrt{3}}\left(= -\frac{\sqrt{3}}{3}\right)$

解説

(1) 下の図のように, 半径 $r = \sqrt{2}$ の半円において, $\angle AOP = 135^\circ$ とする。

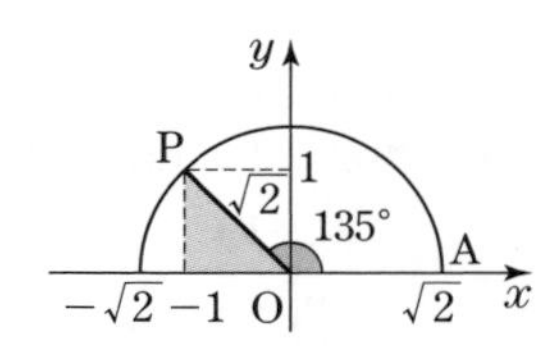

点 P の座標は $(-1, 1)$ だから,

$x = -1$, $y = 1$

$\sin 135^\circ = \frac{y}{r} = \frac{1}{\sqrt{2}}$

$$\cos 135° = \frac{x}{r} = \frac{-1}{\sqrt{2}} = -\frac{1}{\sqrt{2}}$$

$$\tan 135° = \frac{y}{x} = \frac{1}{-1} = -1$$

(2)　下の図のように，半径 $r=2$ の半円において，$\angle \mathrm{AOP}=150°$ とする。

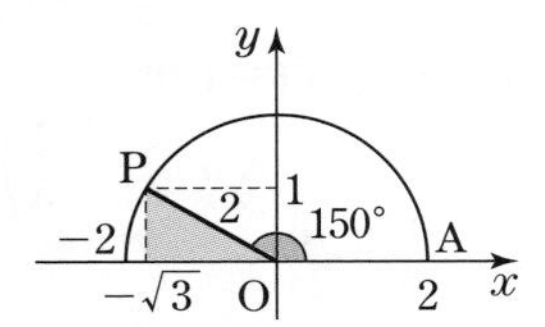

点Pの座標は，$(-\sqrt{3}, 1)$ だから，
$x=-\sqrt{3}$，$y=1$

$$\sin 150° = \frac{y}{r} = \frac{1}{2}$$

$$\cos 150° = \frac{x}{r} = \frac{-\sqrt{3}}{2} = -\frac{\sqrt{3}}{2}$$

$$\tan 150° = \frac{y}{x} = \frac{1}{-\sqrt{3}} = -\frac{1}{\sqrt{3}}$$

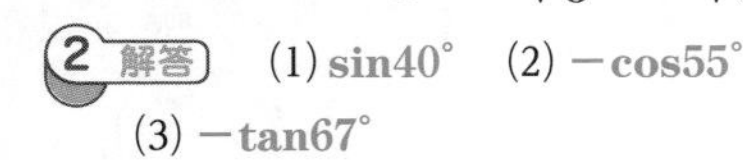

2 解答　(1) $\sin 40°$　(2) $-\cos 55°$
(3) $-\tan 67°$

解説

(1)　$\sin(180°-\theta)=\sin\theta$ より，
$\sin 140° = \sin(180°-40°) = \sin 40°$

(2)　$\cos(180°-\theta)=-\cos\theta$ より，
$\cos 125° = \cos(180°-55°) = -\cos 55°$

(3)　$\tan(180°-\theta)=-\tan\theta$ より，
$\tan 113° = \tan(180°-67°)$
$=-\tan 67°$

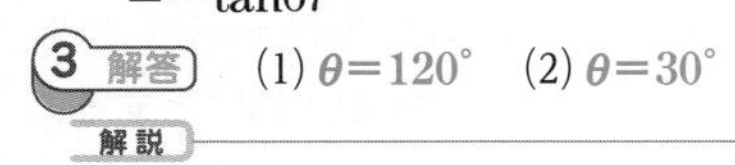

3 解答　(1) $\theta=120°$　(2) $\theta=30°$

解説

(1)　下の図のように，半径2の半円上で，x 座標が -1 の点は点Pだけである。

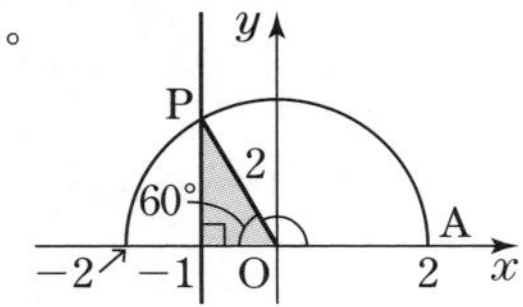

よって，求める角 θ は $\angle \mathrm{AOP}$ だから，$\theta=120°$

(2)　下の図のように，半径2の半円上で，x 座標が $\sqrt{3}$，y 座標が1の点は点Pだけである。

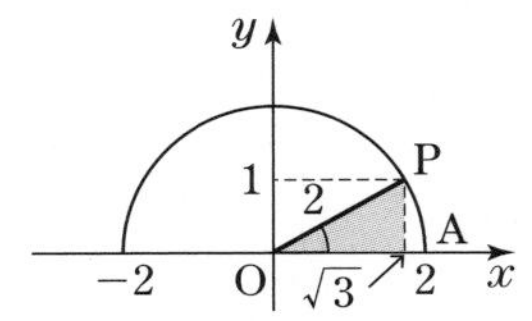

よって，求める角 θ は $\angle \mathrm{AOP}$ だから，$\theta=30°$

4 解答　(1) $\cos\theta=-\frac{2\sqrt{6}}{7}$

(2) $\tan\theta=-\frac{5}{2\sqrt{6}}\left(=-\frac{5\sqrt{6}}{12}\right)$

解説

(1)　$\sin^2\theta+\cos^2\theta=1$ から，
$\cos^2\theta=1-\sin^2\theta=1-\left(\frac{5}{7}\right)^2$
$=1-\frac{25}{49}=\frac{24}{49}$
$90°<\theta<180°$ より，$\cos\theta<0$
だから，$\cos\theta=-\sqrt{\frac{24}{49}}=-\frac{2\sqrt{6}}{7}$

ミス対策　θ の範囲によって，三角比の値の符号は次のようになる。

θ の範囲	$0°<\theta<90°$	$90°<\theta<180°$
$\sin\theta$	$+$	$+$
$\cos\theta$	$+$	$-$
$\tan\theta$	$+$	$-$

(2)　$\tan\theta=\frac{\sin\theta}{\cos\theta}=\frac{5}{7}\div\left(-\frac{2\sqrt{6}}{7}\right)$
$=\frac{5}{7}\times\left(-\frac{7}{2\sqrt{6}}\right)=-\frac{5}{2\sqrt{6}}$

5 解答　(1) $\cos\theta=-\frac{1}{\sqrt{5}}\left(=-\frac{\sqrt{5}}{5}\right)$

(2) $\sin\theta=\frac{2}{\sqrt{5}}\left(=\frac{2\sqrt{5}}{5}\right)$

解説

(1)　$\mathbf{1+\tan^2\theta=\frac{1}{\cos^2\theta}}$ から，

$\frac{1}{\cos^2\theta}=1+(-2)^2=1+4=5$

よって，$\cos^2\theta=\frac{1}{5}$

$\tan\theta<0$ より，$90°<\theta<180°$

よって，$\cos\theta<0$ だから，

$\cos\theta=-\sqrt{\frac{1}{5}}=-\frac{1}{\sqrt{5}}$

(2)　$\tan\theta=\frac{\sin\theta}{\cos\theta}$ から，

$\sin\theta=\tan\theta\times\cos\theta$

$=-2\times\left(-\frac{1}{\sqrt{5}}\right)=\frac{2}{\sqrt{5}}$

6 平面図形

問題:40ページ

STEP 1　基本練習

1 解答　(1) $x=2\sqrt{13}$　(2) $x=2\sqrt{6}$

解説

三平方の定理

直角三角形の直角をはさむ 2 辺の長さを a, b, 斜辺の長さを c とすると，$\mathbf{a^2+b^2=c^2}$ が成り立つ。

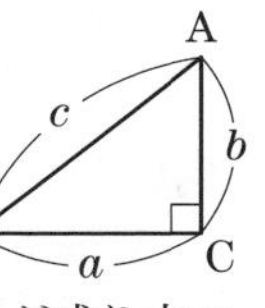

(1)　$x^2=4^2+6^2=16+36=52$

$x>0$ だから，$x=\sqrt{52}=2\sqrt{13}$(cm)

(2)　$5^2+x^2=7^2$ より，

$x^2=7^2-5^2=49-25=24$

$x>0$ だから，$x=\sqrt{24}=2\sqrt{6}$(cm)

2 解答　(1) $x=2\sqrt{3}$　(2) $x=5\sqrt{2}$

解説

鋭角が 30°, 60° の直角三角形の 3 辺の比は，

AB：BC：CA
$=2:1:\sqrt{3}$

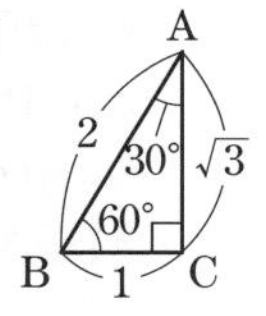

直角二等辺三角形の 3 辺の比は，

AB：BC：CA
$=1:1:\sqrt{2}$

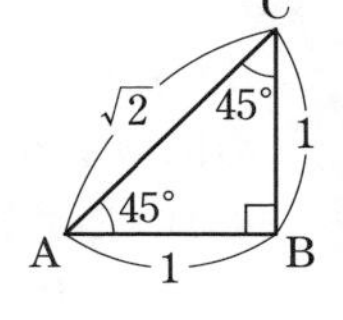

(1)　AB：AC：BC$=2:1:\sqrt{3}$ だから，

$4:x=2:\sqrt{3}$，$4\sqrt{3}=2x$,

$x=2\sqrt{3}$(cm)

(2)　AB：BC：AC$=1:1:\sqrt{2}$ だから，

$5:x=1:\sqrt{2}$，$5\sqrt{2}=x$,

$x=5\sqrt{2}$(cm)

3 解答　(1) 13 cm　(2) 4 cm

解説

(1)　長方形の対角線の長さを x cm とすると，

$x^2=5^2+12^2=25+144=169$

$x>0$ だから，$x=\sqrt{169}=13$(cm)

(2)　長方形の横の長さを x cm とすると，

$x^2=(2\sqrt{5})^2-2^2=20-4=16$

$x>0$ だから，$x=\sqrt{16}=4$(cm)

4 解答　(1) $x=5$　(2) $x=8$

解説

(1)　AD：DB＝AE：EC だから，

$8:(12-8)=10:x$，$8x=40$,

$x=5$(cm)

【別解】　AD：AB＝AE：AC だから，

$8:12=10:(10+x)$,

$8(10+x)=120$，$80+8x=120$,

$8x=40$，$x=5$(cm)

(2)　AB：AD＝BC：DE だから，

$6:3=x:4$，$24=3x$，$x=8$(cm)

ミス対策 三角形と比の定理は，右の図のように，点D，Eがそれぞれ辺AB，ACの延長上にあっても成り立つ。

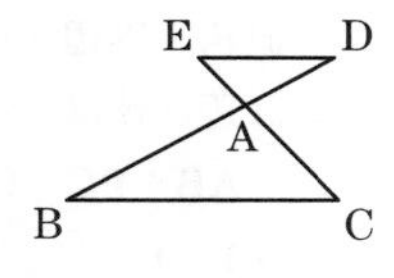

5 解答 5

解説

チェバの定理より，

$$\frac{BP}{PC}\cdot\frac{CQ}{QA}\cdot\frac{AR}{RB}=1$$

よって，$\frac{4}{PC}\cdot\frac{3}{4}\cdot\frac{5}{3}=1$，$\frac{5}{PC}=1$，

PC=5

6 解答 112°

解説

円周角の定理

1つの弧に対する円周角の大きさは一定であり，その弧に対する中心角の大きさの半分である。上の図で，

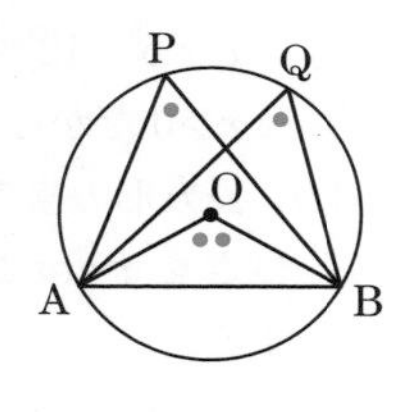

$$\angle APB=\angle AQB=\frac{1}{2}\angle AOB$$

右の図のように，点OとAを結ぶ。

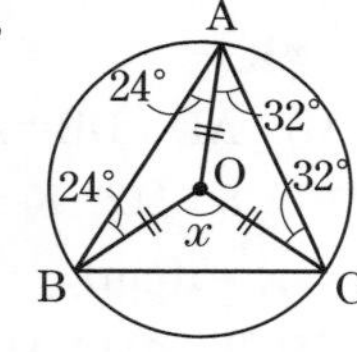

OA=OBだから，

∠OAB=∠OBA=24°

OA=OCだから，

∠OAC=∠OCA=32°

よって，∠BAC=24°+32°=56°

$\overset{\frown}{BC}$に対する円周角と中心角の関係から，∠x=2∠BAC=56°×2=112°

7 解答 72°

解説

円に内接する四角形について，対角の和は180°だから，∠A+∠C=180°

よって，108°+∠x=180°，

∠x=180°−108°=72°

8 解答 50°

解説

円の接線と弦のつくる角の定理より，

∠B=∠PTA=65°

AT=ABだから，∠ATB=∠B=65°

三角形の内角の和は180°だから，

∠A=180°−65°×2=50°

円の接線と弦のつくる角の定理より，

∠x=∠A=50°

9 解答 (1) $x=9$　(2) $x=4$

解説

(1) 方べきの定理より，

PA·PB=PC·PD，3·6=x·2，

18=2x，x=9

(2) 方べきの定理より，

PA·PB=PC·PD，

6·(6+x)=5·(5+7)，36+6x=60，

6x=24，x=4

ミス対策 PA·AB=PC·CD，6·x=5·7としないように注意する。

STEP 2 実戦練習

1 解答 (1) $3\sqrt{3}$ cm　(2) $6\sqrt{2}$ cm

解説

(1) 正三角形ABCの高さは，右の図で，線分ADの長さである。

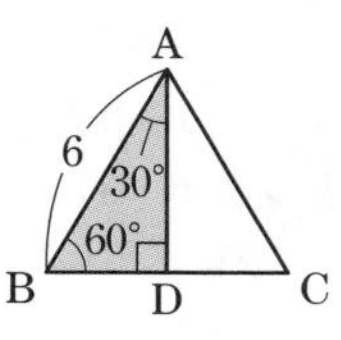

△ABDで，

AB：BD：AD=2：1：$\sqrt{3}$ だから，

6：AD=2：$\sqrt{3}$，$6\sqrt{3}$=2AD，

AD=$3\sqrt{3}$(cm)

(2) **円の接線は，接点を通る半径に垂直**だから，$\angle PTO=90°$

$\triangle POT$は直角三角形だから，三平方の定理より，$PT^2=9^2-3^2=81-9=72$

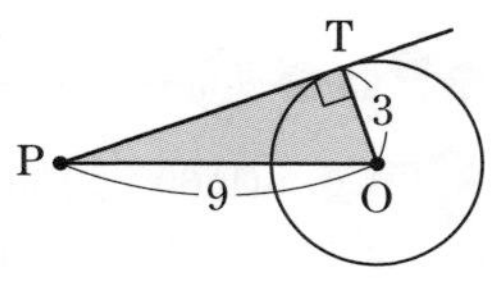

$x>0$ だから，$x=\sqrt{72}=6\sqrt{2}$ (cm)

2 解答 $x=15$，$y=24$

解説

右の図で，$\ell /\!/ m$ だから，三角形と比の定理より，

$AB:AD=BC:DE$,

$9:(9+x)=6:16$，$144=6(9+x)$，

$24=9+x$，$x=15$

また，$\ell /\!/ n$ だから，

$AB:AF=BC:FG$,

$9:(9+15+12)=6:y$，$9y=36\times 6$，

$y=24$

3 解答 6：11

解説

$AD:AB=5:9$ だから，

$AD:DB=5:(9-5)=5:4$

$AF:AC=3:5$ だから，

$CF:FA=(5-3):3=2:3$

チェバの定理より，

$\dfrac{BE}{EC}\cdot\dfrac{CF}{FA}\cdot\dfrac{AD}{DB}=1$

よって，$\dfrac{BE}{EC}\cdot\dfrac{2}{3}\cdot\dfrac{5}{4}=1$，$\dfrac{BE}{EC}\cdot\dfrac{5}{6}=1$，

$\dfrac{BE}{EC}=\dfrac{6}{5}$

したがって，

$BE:BC=6:(6+5)=6:11$

4 解答 5：4

解説

メネラウスの定理

$\triangle ABC$の辺BC，CA，ABまたはその延長が，三角形の頂点を通らない直線ℓと，それぞれ点P，Q，Rで交わるとき，

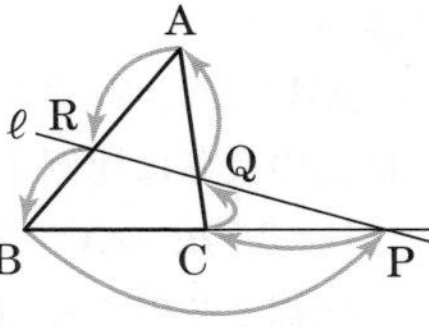

$\dfrac{BP}{PC}\cdot\dfrac{CQ}{QA}\cdot\dfrac{AR}{RB}=1$

よって，$\dfrac{BC}{CE}\cdot\dfrac{EP}{PA}\cdot\dfrac{AD}{DB}=1$,

$\dfrac{2+3}{3}\cdot\dfrac{EP}{PA}\cdot\dfrac{3}{4}=1$，$\dfrac{5}{3}\cdot\dfrac{EP}{PA}\cdot\dfrac{3}{4}=1$,

$\dfrac{5}{4}\cdot\dfrac{EP}{PA}=1$，$\dfrac{EP}{PA}=\dfrac{4}{5}$

したがって，$AP:EP=5:4$

5 解答 115°

解説

$OB=OC$ だから，

$\angle OCB=\angle OBC=25°$

三角形の内角の和は180°だから，

$\angle BOC=180°-25°\times 2=130°$

よって，大きいほうの$\angle BOC$は，

$360°-130°=230°$

大きいほうの$\overset{\frown}{BC}$に対する円周角と中心角の関係から，

$\angle x=\dfrac{1}{2}\times 230°=115°$

6 解答 120°

解説

半円の弧に対する円周角は90°だから，$\angle BDC=90°$

三角形の内角の和は180°だから，

$\angle C=180°-(30°+90°)=60°$

円に内接する四角形について，対角の和は 180° だから，$\angle A+\angle C=180°$

よって，$\angle x+60°=180°$,

$\angle x=180°-60°=120°$

7 解答　80°

解説

$\overset{\frown}{AB}:\overset{\frown}{AC}=2:3$ で，円周角の大きさは弧の長さに比例するから，

$\angle B=3\angle a$，$\angle C=2\angle a$ とおける。

接線と弦のつくる角の定理より，

$\angle C=2\angle a=\angle TAB=40°$ より，

$\angle a=20°$

$\angle B=3\angle a=20°\times3=60°$

三角形の内角の和は 180° だから，

$\angle x=180°-(60°+40°)=80°$

8 解答　7

解説

$PB=AB-AP=5-2=3$

方べきの定理より，

$PA\cdot PB=PC\cdot PD$，$2\cdot3=PC\cdot1$,

$PC=6$

よって，$CD=PC+PD=6+1=7$

9 解答　$7\sqrt{2}$

解説

$BP:PD=4:3$ だから，$BP=4x$，$PD=3x$ とおける。

方べきの定理より，

$PA\cdot PC=PB\cdot PD$，$6\cdot4=4x\cdot3x$,

$24=12x^2$，$x^2=2$

$x>0$ だから，$x=\sqrt{2}$

よって，

$BD=BP+PD=4x+3x=7x=7\sqrt{2}$

7 順列と組合せ

問題：45ページ

STEP 1 基本練習

1 解答　(1) 60　(2) 336　(3) 5040　(4) 2520　(5) 24　(6) 720

解説

順列の総数

$${}_nP_r=\underbrace{n(n-1)(n-2)\cdots\cdots(n-r+1)}_{r\text{ 個}}$$

(1) ${}_5P_3=\underbrace{5\cdot4\cdot3}_{3\text{個}}=60$

(2) ${}_8P_3=8\cdot7\cdot6=336$

(3) ${}_{10}P_4=10\cdot9\cdot8\cdot7=5040$

(4) ${}_7P_5=7\cdot6\cdot5\cdot4\cdot3=2520$

(5) $4!=4\cdot3\cdot2\cdot1=24$

(6) $6!=6\cdot5\cdot4\cdot3\cdot2\cdot1=720$

2 解答　(1) 28　(2) 126　(3) 7　(4) 1　(5) 210　(6) 455

解説

組合せの総数

$${}_nC_r=\frac{{}_nP_r}{r!}=\frac{\overbrace{n(n-1)(n-2)\cdots\cdots(n-r+1)}^{r\text{ 個}}}{\underbrace{r(r-1)\cdots\cdots3\cdot2\cdot1}_{r\text{ 個}}}$$

(1) ${}_8C_2=\dfrac{\overbrace{8\cdot7}^{2\text{個}}}{\underbrace{2\cdot1}_{2\text{個}}}=28$

(2) ${}_9C_4=\dfrac{9\cdot8\cdot7\cdot6}{4\cdot3\cdot2\cdot1}=126$

(3) ${}_7C_1=\dfrac{7}{1}=7$

このように，${}_nC_1$ は n 個から 1 個取る組合せの総数だから，$\boldsymbol{{}_nC_1=n}$

(4)　${}_6C_6=\dfrac{6\cdot5\cdot4\cdot3\cdot2\cdot1}{6\cdot5\cdot4\cdot3\cdot2\cdot1}=1$

このように，${}_nC_n$ は n 個から n 個取る組合せの総数だから，**${}_nC_n=1$**

(5)　**${}_nC_r={}_nC_{n-r}$** を利用する。

${}_{10}C_6={}_{10}C_4=\dfrac{10\cdot9\cdot8\cdot7}{4\cdot3\cdot2\cdot1}=210$

(6)　${}_{15}C_{12}={}_{15}C_3=\dfrac{15\cdot14\cdot13}{3\cdot2\cdot1}=455$

STEP 2　実戦練習

1 解答　(1) 504　(2) 35　(3) 210　(4) 495

解説

(1)　$\dfrac{9!}{6!}=\dfrac{9\cdot8\cdot7\cdot6!}{6!}=504$

(2)　$\dfrac{7!}{3!4!}=\dfrac{7\cdot6\cdot5\cdot4!}{3!4!}=\dfrac{7\cdot6\cdot5}{3\cdot2\cdot1}=35$

(3)　$\dfrac{10!}{4!6!}=\dfrac{10\cdot9\cdot8\cdot7\cdot6!}{4!6!}=\dfrac{10\cdot9\cdot8\cdot7}{4\cdot3\cdot2\cdot1}$

$=210$

(4)　$\dfrac{12!}{8!4!}=\dfrac{12\cdot11\cdot10\cdot9\cdot8!}{4!8!}$

$=\dfrac{12\cdot11\cdot10\cdot9}{4\cdot3\cdot2\cdot1}=495$

2 解答　(1) 210 通り　(2) 120 通り

解説

(1)　7 人から 3 人選んで 1 列に並べる順列の総数だから，

${}_7P_3=7\cdot6\cdot5=210$(通り)

(2)　3 人の委員に区別はないので，10 人から 3 人選ぶ組合せの総数だから，

${}_{10}C_3=\dfrac{10\cdot9\cdot8}{3\cdot2\cdot1}=120$(通り)

3 解答　300 個

解説

千の位の選び方は，1，2，3，4，5 の 5 通り。百，十，一の位の選び方は，残りの 5 個の数字から 3 個選んで 1 列に並べる順列の総数だから，

${}_5P_3=5\cdot4\cdot3=60$(通り)

よって，4 けたの整数の個数は，

$5\times60=300$(個)

ミス対策　6 個の数字から 4 個選んで 1 列に並べる順列の総数と考えて，

${}_6P_4=6\cdot5\cdot4\cdot3=360$(個)

としないように注意する。

4 けたの整数なので，千の位が 0 になる場合を除く。

4 解答　240 通り

解説

両端の男子 2 人の並び方は 2 通り。

そのそれぞれの並び方について，残りの女子 5 人の並び方は，5 人を 1 列に並べる順列の総数だから，

$5!=5\cdot4\cdot3\cdot2\cdot1=120$(通り)

よって，並び方の総数は，

$2\times120=240$(通り)

5 解答　45 試合

解説

対戦する 2 チームを選べば 1 試合が決まるので，試合数は，10 チームから 2 チームを選ぶ組合せの総数だから，

${}_{10}C_2=\dfrac{10\cdot9}{2\cdot1}=45$(試合)

6 解答　150 通り

解説

男子 3 人の選び方は，5 人から 3 人選ぶ組合せの総数だから，

${}_5C_3={}_5C_2=\dfrac{5\cdot4}{2\cdot1}=10$(通り)

女子 4 人の選び方は，6 人から 4 人選ぶ組合せの総数だから，

${}_6C_4={}_6C_2=\dfrac{6\cdot5}{2\cdot1}=15$(通り)

よって，選び方の総数は，

$10\times15=150$(通り)

第2章 数理技能検定[2次]【対策編】の解答

1 式の計算／実数の応用

問題:50ページ

STEP 1 基本練習

1 解答 (1) 9216 (2) 360 (3) 3999975 (4) 9999

解説

(1) $96^2=(100-4)^2$
$=100^2-2\times100\times4+4^2$
$=10000-800+16=9216$

(2) $33^2-27^2=(33+27)(33-27)$
$=60\times6=360$

(3) $2005\times1995=(2000+5)(2000-5)$
$=2000^2-5^2=4000000-25=3999975$

(4) $(10^2+1)(10-1)(10+1)$
$=(10^2+1)\{(10-1)(10+1)\}$
$=(10^2+1)(10^2-1^2)=(10^2)^2-1^2$
$=10^4-1^2=10000-1=9999$

2 解答 (1) $x=75$
(2) $n=5,\ 12,\ 17,\ 20,\ 21$
(3) $n=10$ (4) $n=3,\ 4,\ 5,\ 6$

解説

(1) $\sqrt{x}=\sqrt{3}+\sqrt{48}=\sqrt{3}+4\sqrt{3}$
$=5\sqrt{3}=\sqrt{75}$ より，$x=75$

(2) $\sqrt{21-n}=a$（$a\geqq0$，a は整数）とおく。この式の両辺を2乗すると，
$21-n=a^2$，$n=21-a^2$
この式に a の値を代入して，n の値を求めると，
$a=0$ のとき，$n=21-0^2=21$
$a=1$ のとき，$n=21-1^2=20$
$a=2$ のとき，$n=21-2^2=17$
$a=3$ のとき，$n=21-3^2=12$
$a=4$ のとき，$n=21-4^2=5$
$a=5$ のとき，$n=21-5^2=-4$
n は正の整数だから，$a\geqq5$ のときは問題に適さない。

(3) 90を素因数分解すると，
$90=2\times3^2\times5$
これより，
$90n=2\times3^2\times5\times n$
よって，$n=2\times5$ のとき，
$90n=2^2\times3^2\times5^2=(2\times3\times5)^2$
となり，$90n$ は自然数の2乗になる。
最小の正の整数 n は，$2\times5=10$

2) 90
3) 45
3) 15
　　5

(4) $\dfrac{3}{2}=1.5$ だから，
$1.5=\sqrt{1.5^2}=\sqrt{2.25}$，
$2.5=\sqrt{2.5^2}=\sqrt{6.25}$
よって，$\sqrt{2.25}<\sqrt{n}<\sqrt{6.25}$
したがって，$2.25<n<6.25$
この不等式を満たす正の整数 n は，
3，4，5，6

3 解答 (1) 165 (2) 10 (3) 19

解説

(1) $x^2-y^2=(x+y)(x-y)$
$=(17.75+12.25)(17.75-12.25)$
$=30\times5.5=165$

(2) $(x+7)(x+12)-(x-8)^2$
$=x^2+19x+84-(x^2-16x+64)$
$=x^2+19x+84-x^2+16x-64$
$=35x+20=35\times\left(-\dfrac{2}{7}\right)+20$
$=-10+20=10$

(3) $x^2+y^2+3xy-(x+1)(y+1)$
$=x^2+y^2+3xy-(xy+x+y+1)$
$=x^2+y^2+3xy-xy-x-y-1$
$=x^2+2xy+y^2-x-y-1$
$=(x+y)^2-(x+y)-1$
$=5^2-5-1=25-5-1=19$

4 解答　(1) 32　(2) 16

解説

まず，$x+y$，xy の値を求める。

$x+y=(3+\sqrt{7})+(3-\sqrt{7})=6$

$xy=(3+\sqrt{7})(3-\sqrt{7})=3^2-(\sqrt{7})^2$
$=9-7=2$

代入する式を $x+y$，xy で表して，$x+y$，xy の値を代入する。

(1)　$x^2+y^2=(x+y)^2-2xy$
$=6^2-2\times2=36-4=32$

(2)　$\dfrac{x}{y}+\dfrac{y}{x}=\dfrac{x^2+y^2}{xy}=\dfrac{32}{2}=16$

5 解答　(1) 12 個　(2) 30 個

解説

自然数 n の素因数分解が
$n=p^a \cdot q^b \cdot r^c \cdot \cdots$ となるとき，n の正の約数の個数は，

$(a+1)(b+1)(c+1)\cdot\cdots$(個)

(1)　200 を素因数分解すると，
$200=2^3\times5^2$
よって，200 の正の約数の個数は，
$(3+1)(2+1)=4\times3$
$=12$(個)

$$\begin{array}{r|l} 2 & 200 \\ 2 & 100 \\ 2 & 50 \\ 5 & 25 \\ & 5 \end{array}$$

(2)　720 を素因数分解すると，
$720=2^4\times3^2\times5$
約数の個数は，
$(4+1)(2+1)(1+1)$
$=5\times3\times2$
$=30$(個)

$$\begin{array}{r|l} 2 & 720 \\ 2 & 360 \\ 2 & 180 \\ 2 & 90 \\ 3 & 45 \\ 3 & 15 \\ & 5 \end{array}$$

6 解答　(1) 36　(2) 2700

解説

(1)　最大公約数の求め方は，各数を素因数分解して，**共通な素因数をすべて取り出し，その積を求める**。

108，144 を素因数分解すると，

$108=2^2\times3^3$
$144=2^4\times3^2$
2^2　3^2
↑　↑
指数の小さいほう

$$\begin{array}{r|l} 2 & 108 \\ 2 & 54 \\ 3 & 27 \\ 3 & 9 \\ & 3 \end{array}\qquad\begin{array}{r|l} 2 & 144 \\ 2 & 72 \\ 2 & 36 \\ 2 & 18 \\ 3 & 9 \\ & 3 \end{array}$$

最大公約数は，$2^2\times3^2=36$

【別解】　素因数分解と同じしかたで最大公約数を求める方法

①2つの数に共通な素因数で，共通な素因数がなくなるまでわっていく。

$$\begin{array}{r|ll} 2 & 108 & 144 \\ 2 & 54 & 72 \\ 3 & 27 & 36 \\ 3 & 9 & 12 \\ & 3 & 4 \end{array}$$

②最大公約数はわった素因数の積だから，$2^2\times3^2=36$

(2)　最小公倍数の求め方は，各数を素因数分解して，**それぞれの素因数で大きいほうを取り出し，その積を求める。**

270，300 を素因数分解すると，

$270=2\times3^3\times5$
$300=2^2\times3\times5^2$
2^2　3^3　5^2
↑　↑　↑
指数の大きいほう

$$\begin{array}{r|l} 2 & 270 \\ 3 & 135 \\ 3 & 45 \\ 3 & 15 \\ & 5 \end{array}\qquad\begin{array}{r|l} 2 & 300 \\ 2 & 150 \\ 3 & 75 \\ 5 & 25 \\ & 5 \end{array}$$

最小公倍数は，$2^2\times3^3\times5^2=2700$

【別解】　素因数分解と同じしかたで最小公倍数を求める方法

①2つの数に共通な素因数で，共通な素因数がなくなるまでわっていく。

$$\begin{array}{r|ll} 2 & 270 & 300 \\ 3 & 135 & 150 \\ 5 & 45 & 50 \\ & 9 & 10 \end{array}$$

②最小公倍数はわった素因数と最後に残った商の積だから，
$2\times3\times5\times9\times10=2700$

7 解答　8

解説

□にあてはまる数を a とする。

各位の数の和が3の倍数のとき，その数は3の倍数である。$6+4+a$ は3の倍数だから，$a=2,\ 5,\ 8$ ……①

下2けたが4の倍数のとき，その数は4の倍数である。$10\times4+a=a+40$ は4の倍数だから，$a=0,\ 4,\ 8$ …②

①，②より，$a=8$

- **倍数の判定方法**

2の倍数…一の位が0，2，4，6，8のいずれか。

3の倍数…各位の数の和が3の倍数。

4の倍数…下2けたが4の倍数。

5の倍数…一の位が0，5のいずれか。

8の倍数…下3けたが8の倍数。

9の倍数…各位の数の和が9の倍数。

8 解答 【証明】 n を整数として，連続する2つの整数は，n，$n+1$ と表せる。大きいほうの数の2乗から小さいほうの数の2乗をひいた差は，

$(n+1)^2-n^2=n^2+2n+1-n^2=2n+1$

もとの2つの数の和は，

$n+(n+1)=2n+1$

よって，大きいほうの数の2乗から小さいほうの数の2乗をひいた差は，もとの2つの数の和に等しい。

9 解答 【証明】 n を整数として，連続する2つの奇数は，$2n+1$，$2n+3$ と表せる。

連続する2つの奇数の2乗の差は，

$(2n+3)^2-(2n+1)^2$

$=4n^2+12n+9-(4n^2+4n+1)$

$=4n^2+12n+9-4n^2-4n-1$

$=8n+8=8(n+1)$

$n+1$ は整数だから，$8(n+1)$ は8の倍数である。

解説

n の倍数であることを証明するには，**$n\times$(整数)の形の式を導く。**

また，連続する2つの奇数を，$2n-1$，$2n+1$ と表してもよい。

10 解答 【証明】 Aの十の位の数を x，一の位の数を y とする。ただし，$x>y$ とする。

$A=10x+y$，$B=10y+x$

と表せるから，

$A-B=(10x+y)-(10y+x)$

$=10x+y-10y-x=9x-9y=9(x-y)$

$x-y$ は正の整数だから，$9(x-y)$ は9の倍数である。

STEP 2 実戦練習

1 解答 (1) $n=8,\ 11,\ 15,\ 16$

(2) $n=13,\ 52,\ 117,\ 468$

(3) $n=10,\ 14,\ 38$ (4) 17個

(5) 9個

解説

(1) $\sqrt{49-3n}=a$（$a\geqq0$，a は整数）とおく。この式の両辺を2乗すると，

$49-3n=a^2$，$n=\dfrac{49-a^2}{3}$

n が正の整数になるとき，$49-a^2$ は3の倍数になる。

このような a の値は，

$a=1$ のとき，$n=\dfrac{49-1^2}{3}=16$

$a=2$ のとき，$n=\dfrac{49-2^2}{3}=15$

$a=4$ のとき，$n=\dfrac{49-4^2}{3}=11$

$a=5$ のとき，$n=\dfrac{49-5^2}{3}=8$

n は正の整数だから，$a\geqq7$ のときは問題に適さない。

(2)　468 を素因数分解すると，$468=2^2\times3^2\times13$

$$\begin{array}{r} 2\,)\underline{468} \\ 2\,)\underline{234} \\ 3\,)\underline{117} \\ 3\,)\underline{\ \ 39} \\ 13 \end{array}$$

これより，

$$\sqrt{\frac{468}{n}}=\sqrt{\frac{2^2\times3^2\times13}{n}}$$

よって，根号の中の数が自然数の2乗になるような n の値を求めればよい。このような n の値は，

$n=13$，$n=13\times2^2=52$，

$n=13\times3^2=117$，

$n=13\times2^2\times3^2=468$

(3)　$\sqrt{n^2-75}=a$（$a\geqq0$，a は整数）とおく。この式の両辺を2乗すると，

$n^2-75=a^2$，$n^2-a^2=75$，

$(n+a)(n-a)=75$

n，a は正の整数だから，

$n+a>n-a$

よって，次の3つの式が成り立つ。

① $\begin{cases} n+a=75 \\ n-a=1 \end{cases}$　② $\begin{cases} n+a=25 \\ n-a=3 \end{cases}$

③ $\begin{cases} n+a=15 \\ n-a=5 \end{cases}$

①より，$n=38$，$a=37$

②より，$n=14$，$a=11$

③より，$n=10$，$a=5$

(4)　$3=\sqrt{3^2}=\sqrt{9}$，$5=\sqrt{5^2}=\sqrt{25}$

よって，$\sqrt{9}\leqq\sqrt{n}\leqq\sqrt{25}$

したがって，$9\leqq n\leqq25$

この不等式を満たす正の整数 n は，9，10，…，25 より，n の個数は，

$25-9+1=17$（個）

(5)　$\dfrac{7}{3}=\sqrt{\left(\dfrac{7}{3}\right)^2}=\sqrt{\dfrac{49}{9}}=\sqrt{5.44\cdots}$

$\dfrac{15}{4}=\sqrt{\left(\dfrac{15}{4}\right)^2}=\sqrt{\dfrac{225}{16}}=\sqrt{14.0625}$

よって，$\sqrt{5.44\cdots}<\sqrt{n}<\sqrt{14.0625}$

したがって，$5.44\cdots<n<14.0625$

この不等式を満たす正の整数 n は，6，7，…，14 より，n の個数は，

$14-6+1=9$（個）

2 解答　(1) 12　(2) $-40\sqrt{6}$

(3) $65-12\sqrt{17}$

解説

(1)　$x+y=\dfrac{\sqrt{7}+\sqrt{5}}{2}+\dfrac{\sqrt{7}-\sqrt{5}}{2}=\sqrt{7}$

$xy=\left(\dfrac{\sqrt{7}+\sqrt{5}}{2}\right)\left(\dfrac{\sqrt{7}-\sqrt{5}}{2}\right)=\dfrac{1}{2}$

$x^2+y^2=(x+y)^2-2xy$

$=(\sqrt{7})^2-2\times\dfrac{1}{2}=7-1=6$

よって，

$\dfrac{x}{y}+\dfrac{y}{x}=\dfrac{x^2+y^2}{xy}=6\div\dfrac{1}{2}=12$

(2)　$x=\dfrac{\sqrt{3}-\sqrt{2}}{(\sqrt{3}+\sqrt{2})(\sqrt{3}-\sqrt{2})}$

$=\sqrt{3}-\sqrt{2}$

$y=\dfrac{\sqrt{3}+\sqrt{2}}{(\sqrt{3}-\sqrt{2})(\sqrt{3}+\sqrt{2})}$

$=\sqrt{3}+\sqrt{2}$

$x+y=(\sqrt{3}-\sqrt{2})+(\sqrt{3}+\sqrt{2})$

$=2\sqrt{3}$

$x-y=(\sqrt{3}-\sqrt{2})-(\sqrt{3}+\sqrt{2})$

$=\sqrt{3}-\sqrt{2}-\sqrt{3}-\sqrt{2}=-2\sqrt{2}$

$xy=(\sqrt{3}-\sqrt{2})(\sqrt{3}+\sqrt{2})$

$=3-2=1$

$x^2+y^2=(x+y)^2-2xy$

$=(2\sqrt{3})^2-2\times1=12-2=10$

よって，

$x^4-y^4=(x^2+y^2)(x^2-y^2)$

$=(x^2+y^2)(x+y)(x-y)$

$=10\times2\sqrt{3}\times(-2\sqrt{2})=-40\sqrt{6}$

(3)　$4=\sqrt{16}$，$5=\sqrt{25}$ だから，

$4<\sqrt{17}<5$

$\sqrt{17}$ の整数部分は4，小数部分は，$\sqrt{17}-4$ だから，$x=4$，$y=\sqrt{17}-4$

したがって，

$x^2-xy+y^2=(x+y)^2-3xy$

$=\{4+(\sqrt{17}-4)\}^2-3\times4(\sqrt{17}-4)$

$=(\sqrt{17})^2-12(\sqrt{17}-4)$

$=17-12\sqrt{17}+48=65-12\sqrt{17}$

3 解答 (1) $\frac{225}{8}$

(2) $(a,\ b)=(12,\ 96)$，$(24,\ 84)$，$(48,\ 60)$

(3) $(a,\ b)=(8,\ 240)$，$(16,\ 120)$，$(24,\ 80)$，$(40,\ 48)$

解説

(1) 求める分数を$\frac{m}{n}$とする。

(m，nは自然数で互いに素)

$\frac{m}{n}$に$\frac{56}{45}$，$\frac{88}{75}$をかけてできる数は，

$\frac{m}{n}\times\frac{56}{45}=\frac{56m}{45n}$，$\frac{m}{n}\times\frac{88}{75}=\frac{88m}{75n}$

$\frac{56m}{45n}$と$\frac{88m}{75n}$が正の整数となるとき，mは45と75の公倍数，nは56と88の公約数で，このような数のうち，$\frac{m}{n}$が最小になるのは，mが45と75の最小公倍数，nが56と88の最大公約数のときである。

45，75を素因数分解すると，

$45=3^2\cdot5$，$75=3\cdot5^2$

45，75の最小公倍数は，$3^2\cdot5^2=225$

56，88を素因数分解すると，

$56=2^3\cdot7$，$88=2^3\cdot11$

56，88の最大公約数は，$2^3=8$

よって，求める分数は，$\frac{225}{8}$

(2) 最大公約数が12だから，a，bは，

$a=12a'$，$b=12b'$ ……①

と表される。ただし，a'，b'は互いに素である自然数で，$a'<b'$

$a+b=108$だから，この式に①を代入すると，$12a'+12b'=108$，

$a'+b'=9$ ……②

②を満たし，$a<b$より$a'<b'$で，互いに素であるa'，b'の組は，

$(a',\ b')=(1,\ 8)$，$(2,\ 7)$，$(4,\ 5)$

$(a',\ b')=(1,\ 8)$のとき，

$a=12\times1=12$，$b=12\times8=96$

$(a',\ b')=(2,\ 7)$のとき，

$a=12\times2=24$，$b=12\times7=84$

$(a',\ b')=(4,\ 5)$のとき，

$a=12\times4=48$，$b=12\times5=60$

よって，$(a,\ b)=(12,\ 96)$，$(24,\ 84)$，$(48,\ 60)$

ミス対策 $(a',\ b')=(3,\ 6)$は，$a'+b'=9$を満たすが，a'，b'が互いに素でないから不適切である。

(3) 最大公約数が8だから，a，bは，

$a=8a'$，$b=8b'$ ……①

と表される。ただし，a'，b'は互いに素である自然数で，$a<b$より$a'<b'$

a，bの最小公倍数は$8a'b'$より，

$8a'b'=240$，$a'b'=30$ ……②

②を満たすa'，b'の組は，

$(a',\ b')=(1,\ 30)$，$(2,\ 15)$，$(3,\ 10)$，$(5,\ 6)$

$(a',\ b')=(1,\ 30)$のとき，

$a=8\times1=8$，$b=8\times30=240$

$(a',\ b')=(2,\ 15)$のとき，

$a=8\times2=16$，$b=8\times15=120$

$(a',\ b')=(3,\ 10)$のとき，

$a=8\times3=24$，$b=8\times10=80$

$(a',\ b')=(5,\ 6)$のとき，

$a=8\times5=40$，$b=8\times6=48$

よって，$(a,\ b)=(8,\ 240)$，$(16,\ 120)$，$(24,\ 80)$，$(40,\ 48)$

4 解答 【証明】 n を整数として，連続する 2 つの偶数は，$2n$，$2n+2$ と表せる。

よって，$2n(2n+2)+1=4n^2+4n+1$

連続する 2 つの偶数の間にある奇数は，$2n+1$ と表せるから，その 2 乗は，

$(2n+1)^2=4n^2+4n+1$

したがって，連続する 2 つの偶数の積に 1 を加えた数は，その 2 つの偶数の間にある奇数の 2 乗に等しい。

5 解答 【証明】 n を整数として，連続する 4 つの整数は，n，$n+1$，$n+2$，$n+3$ と表せる。

よって，

$(n+2)(n+3)-n(n+1)$

$=n^2+5n+6-n^2-n=4n+6$

連続する 4 つの整数の和は，

$n+(n+1)+(n+2)+(n+3)=4n+6$

したがって，もっとも大きい数と 2 番目に大きい数の積からもっとも小さい数と 2 番目に小さい数の積をひいた数は，連続する 4 つの整数の和に等しい。

6 解答 【証明】 a のかけられる数を x，かける数を y とすると，$a=xy$ と表せる。また，b のかけられる数は $x+1$，かける数は $y+1$ だから，$b=(x+1)(y+1)$，c のかけられる数は $x+2$，かける数は $y+2$ だから，$c=(x+2)(y+2)$ と表せる。

よって，$a+c-2b$

$=xy+(x+2)(y+2)-2(x+1)(y+1)$

$=xy+xy+2x+2y+4-2(xy+x+y+1)$

$=xy+xy+2x+2y+4-2xy-2x-2y-2$

$=2$

したがって，$a+c-2b$ は常に一定の値 2 をとる。

2 方程式・不等式の応用

問題:55ページ

STEP 1 基本練習

1 解答 (1) 0 個 (2) 2 個 (3) 1 個

解説

判別式 $D=b^2-4ac$ を計算して，D の符号を調べる。

(1) $D=(-5)^2-4\cdot3\cdot4=25-48$
$=-23<0$

よって，実数解の個数は 0 個。

(2) $D=7^2-4\cdot2\cdot5=49-40=9>0$

よって，実数解の個数は 2 個。

(3) $D=(-2)^2-4\cdot9\cdot\frac{1}{9}=4-4=0$

よって，実数解の個数は 1 個。

2 解答 (1) 8 と 15
(2) 7 と 8，-8 と -7

解説

(1) 2 つの正の整数のうち小さいほうの数を x とすると，大きいほうの数は $x+7$ と表せる。

よって，$x(x+7)=120$

これを解くと，$x^2+7x=120$，
$(x+15)(x-8)=0$，$x=-15$，8

x は正の整数だから，$x=-15$ は問題に合わない。

$x=8$ のとき，大きいほうの数は 15 だから，2 つの正の整数は，8 と 15

(2) 連続する 2 つの整数は，x，$x+1$ と表せる。

よって，$x^2+(x+1)^2=113$

これを解くと，

$x^2+x^2+2x+1=113$，
$2x^2+2x-112=0$，$x^2+x-56=0$，
$(x+8)(x-7)=0$，$x=-8$，7

$x=-8$ のとき，連続する2つの整数は，-8 と -7，$x=7$ のとき，連続する2つの整数は7と8

ミス対策 求める連続する2つの整数を -8 と7としないように注意する。

3 解答 $x=5$

解説

長方形の面積は，
$(15-x)(12+x)\text{cm}^2$ と表せる。

よって，$(15-x)(12+x)=170$

これを解くと，

$180+15x-12x-x^2=170$,
$x^2-3x-10=0$，$(x+2)(x-5)=0$,
$x=-2$，5　$0<x<15$ だから，$x=5$

4 解答 $x=20$

解説

正方形の面積は，$x^2\text{ cm}^2$，長方形の面積は，$(x+10)(x-2)\text{ cm}^2$ と表せる。

よって，$2x^2-260=(x+10)(x-2)$

これを解くと，

$2x^2-260=x^2+8x-20$,
$x^2-8x-240=0$，$(x+12)(x-20)=0$,
$x=-12$，20　$x>2$ だから，$x=20$

5 解答 5個

解説

ケーキを x 個買うとすると，プリンは $12-x$(個)買うことになるから，代金の合計は，

$400x+250(12-x)+150$(円)

代金の合計が4000円以下になるから，

$400x+250(12-x)+150\leqq 4000$

これを解くと，

$400x+3000-250x+150\leqq 4000$,
$150x\leqq 850$，$x\leqq 5.66\cdots$

この不等式を満たす最大の自然数だから，$x=5$(個)

STEP 2 実戦練習

1 解答 (1) $a=7$，他の解 $x=4$
(2) $a=-4$，$b=-12$

解説

(1) $x^2-ax+a+5=0$ に $x=3$ を代入して，$3^2-a\times 3+a+5=0$

これを解くと，$9-3a+a+5=0$,
$-2a=-14$，$a=7$

よって，もとの方程式は，

$x^2-7x+7+5=0$，$x^2-7x+12=0$,
$(x-3)(x-4)=0$，$x=3$，4

したがって，他の解は，$x=4$

(2) $x^2+ax+b=0$ に $x=-2$ を代入して，$(-2)^2+a\times(-2)+b=0$,

$2a-b=4$ ……①

$x^2+ax+b=0$ に $x=6$ を代入して，
$6^2+a\times 6+b=0$,
$6a+b=-36$ ……②

①，②を連立方程式として解くと，
$a=-4$，$b=-12$

2 解答 (1) $a<-2$，$6<a$
(2) $a=-4$　このとき重解は $x=1$
$a=8$　このとき重解は $x=-5$

解説

(1) $D=(a-4)^2-4\cdot 1\cdot(7-a)$
$=a^2-8a+16-28+4a=a^2-4a-12$

異なる2つの実数解をもつのは，$D>0$ のときだから，

$a^2-4a-12>0$，$(a+2)(a-6)>0$,
$a<-2$，$6<a$

(2) $D=(a+2)^2-4\cdot 1\cdot(2a+9)$
$=a^2+4a+4-8a-36=a^2-4a-32$

重解をもつのは，$D=0$ のときだから，$a^2-4a-32=0$,
$(a+4)(a-8)=0$，$a=-4$，8

$a=-4$ のとき，方程式は，

$x^2+(-4+2)x+2\times(-4)+9=0$,

$x^2-2x+1=0$, $(x-1)^2=0$, $x=1$

$a=8$ のとき，方程式は，

$x^2+(8+2)x+2\times8+9=0$,

$x^2+10x+25=0$, $(x+5)^2=0$, $x=-5$

3 解答 $x=-11$, 7

解説

x に 3 を加えて 2 乗した数は $(x+3)^2$,

x に 3 を加えて 2 倍した数は $2(x+3)$

よって，$(x+3)^2-80=2(x+3)$

これを解くと，

$x^2+6x+9-80=2x+6$,

$x^2+4x-77=0$, $(x+11)(x-7)=0$,

$x=-11$, 7

4 解答 $x=8$

解説

三角錐の体積は，

$\frac{1}{3}\times\left(\frac{1}{2}\times6\times x\right)\times(x+7)$

$=\frac{1}{3}\times3x(x+7)=x^2+7x\,(\text{cm}^3)$

よって，$x^2+7x=120$

これを解くと，$x^2+7x-120=0$,

$(x+15)(x-8)=0$, $x=-15$, 8

$x>0$ だから，$x=8$

5 解答 4 cm，6 cm

解説

AP$=x$ cm とすると，PB$=10-x$ (cm)，BQ$=$AP$=x$ cm だから，

$\triangle\text{PBQ}=\frac{1}{2}\times x\times(10-x)$

$=-\frac{1}{2}x^2+5x\,(\text{cm}^2)$

よって，$-\frac{1}{2}x^2+5x=12$

これを解くと，$x^2-10x+24=0$,

$(x-4)(x-6)=0$, $x=4$, 6

6 解答 2 m

解説

下の図のように，道の部分を端に寄せても花だんの面積は変わらないことを利用する。

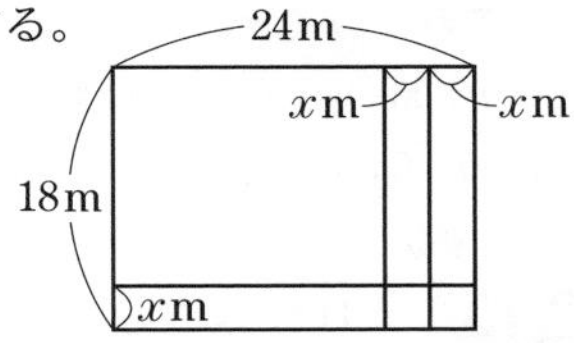

道幅を x m とすると，花だんの面積は，縦の長さが $18-x$ (m)，横の長さが $24-2x$ (m) の長方形の面積だから，

$(18-x)(24-2x)\,(\text{m}^2)$

よって，$(18-x)(24-2x)=320$

これを解くと，

$432-36x-24x+2x^2=320$,

$2x^2-60x+112=0$, $x^2-30x+56=0$,

$(x-2)(x-28)=0$, $x=2$, 28

$0<x<12$ だから，$x=2$

7 解答 14 cm

解説

長方形の厚紙の縦の長さを x cm とすると，横の長さは $2x$ cm と表せる。

箱の容積は，

$(x-6)\times(2x-6)\times3$

$=3(x-6)(2x-6)\,(\text{cm}^3)$

よって，$3(x-6)(2x-6)=528$

これを解くと，$(x-6)(2x-6)=176$,

$2x^2-18x+36=176$, $x^2-9x-70=0$,

$(x+5)(x-14)=0$, $x=-5$, 14

$x>0$ だから，$x=14$

8 解答 450 m 以上

解説

分速 90 m で歩いた道のりを x m とすると，分速 70 m で歩いた道のりは $800-x$ (m) と表せる。

A さんが家から駅まで行くのにかかった時間は，$\frac{800-x}{70}+\frac{x}{90}$(分)

よって，$\frac{800-x}{70}+\frac{x}{90}\leqq 10$

これを解くと，

$9(800-x)+7x\leqq 6300$,

$7200-9x+7x\leqq 6300$，$-2x\leqq -900$,

$x\geqq 450$

9 解答 (1) 17 人以上 (2) 38 人以上

解説

(1) 1 人分の入館料を a 円，入館者の人数を x 人とする。

ただし，$0<x<20$，x は整数。

$ax>\left(1-\frac{2}{10}\right)a\times 20$

$a>0$ だから，両辺を a でわると，

$x>\left(1-\frac{2}{10}\right)\times 20$，$x>\frac{8}{10}\times 20$,

$x>16$

よって，入館者の人数は 17 人以上。

(2) 1 人分の入館料を a 円，入館者の人数を y 人とする。

ただし，$20\leqq y<40$，y は整数。

$\left(1-\frac{2}{10}\right)ay>\left(1-\frac{25}{100}\right)a\times 40$

$a>0$ だから，両辺を a でわると，

$\left(1-\frac{2}{10}\right)y>\left(1-\frac{25}{100}\right)\times 40$,

$\frac{8}{10}y>\frac{75}{100}\times 40$，$\frac{4}{5}y>30$，$y>37.5$

よって，入館者の人数は 38 人以上。

3 2 次関数の応用

問題:60ページ

STEP 1 基本練習

1 解答 (1) $y=-2(x+4)^2+2$

(2) $y=-2(x-3)^2-1$

解説

$y=-2x^2$ を平行移動したグラフで，頂点が点$(p,\ q)$であるグラフの式は，$y=-2(x-p)^2+q$ である。

2 解答 (1) y 軸方向に -6 だけ平行移動したもの

(2) x 軸方向に 3 だけ平行移動したもの

(3) x 軸方向に 2，y 軸方向に 5 だけ平行移動したもの

(4) x 軸方向に -4，y 軸方向に -3 だけ平行移動したもの

解説

(1) $y=ax^2+q$ のグラフは，$y=ax^2$ のグラフを y 軸方向に q だけ平行移動した放物線である。

(2) $y=a(x-p)^2$ のグラフは，$y=ax^2$ のグラフを x 軸方向に p だけ平行移動した放物線である。

(3)(4) $y=a(x-p)^2+q$ のグラフは，$y=ax^2$ のグラフを x 軸方向に p，y 軸方向に q だけ平行移動した放物線である。

3 解答 (1) $x=4$ のとき最小値 -9

(2) $x=-1$ のとき最大値 5

解説

(1) $y=x^2-8x+7=(x-4)^2-9$

グラフは，右の図のようになる。

よって，y は $x=4$ のとき最小値 -9 をとる。

また，y の値はいくらでも大きな値をとるから最大値はない。

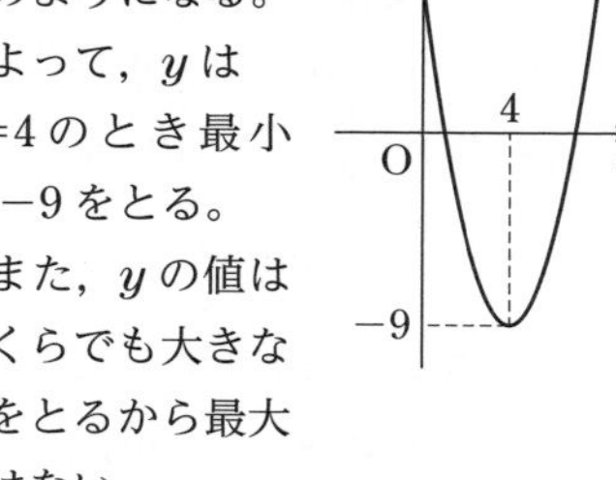

(2) $y=-2x^2-4x+3=-2(x+1)^2+5$

グラフは，右の図のようになる。

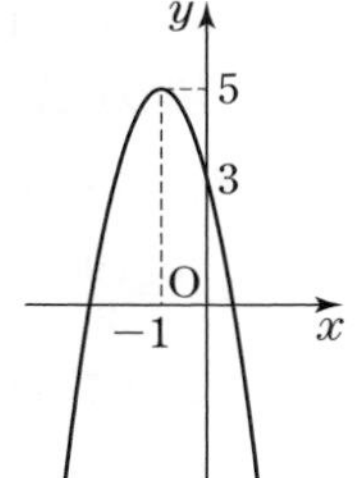

よって，y は $x=-1$ のとき最大値 5 をとる。

また，y の値はいくらでも小さな値をとるから最小値はない。

4 解答 (1) $x=1$ のとき最大値 5，$x=-2$ のとき最小値 -4

(2) $x=3$ のとき最大値 6，$x=5$ のとき最小値 -2

解説

(1) $y=x^2+4x=(x+2)^2-4$

$-4 \leqq x \leqq 1$ におけるグラフは，右の図の実線部分になる。

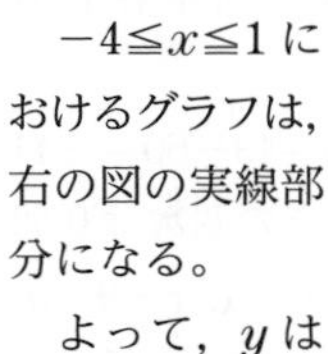

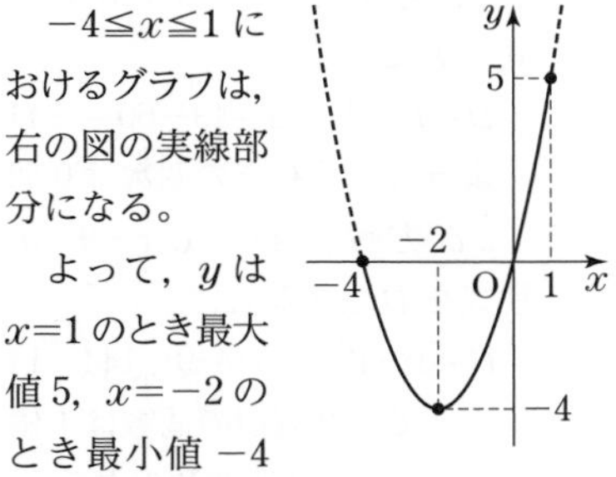

よって，y は $x=1$ のとき最大値 5，$x=-2$ のとき最小値 -4 をとる。

ミス対策 定義域の左端の値 $x=-4$ のときの y の値 0 を最小値としない。

(2) $y=-2x^2+12x-12$

$=-2(x-3)^2+6$

$2 \leqq x \leqq 5$ におけるグラフは，右の図の実線部分になる。

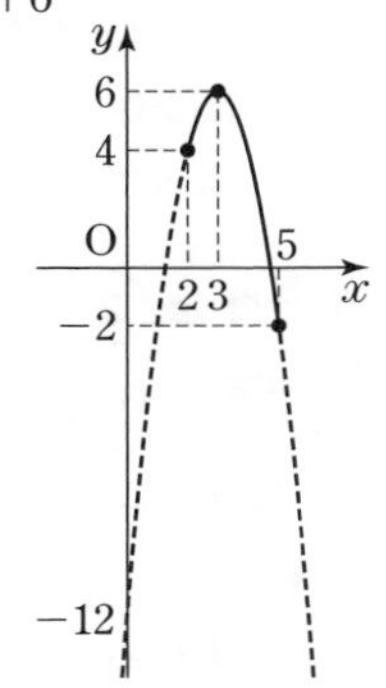

よって，y は $x=3$ のとき最大値 6，$x=5$ のとき最小値 -2 をとる。

5 解答 (1) $a>0$，$b<0$，$c>0$

(2) $a<0$，$b<0$，$c<0$

解説

a の符号は，グラフが下に凸か，上に凸かで決まる。

b の符号は，軸の直線の方程式 $x=-\dfrac{b}{2a}$ と，a の符号で決まる。

c の符号は，グラフと y 軸の交点の y 座標で決まる。

(1) グラフは下に凸だから，$a>0$

$x=-\dfrac{b}{2a}>0$，$a>0$ より，$b<0$

y 軸の交点の y 座標は正より，$c>0$

(2) グラフは上に凸だから，$a<0$

$x=-\dfrac{b}{2a}<0$，$a<0$ より，$b<0$

y 軸の交点の y 座標は負より，$c<0$

6 解答 (1) $(2,\ a+4)$ (2) $a=6$

解説

(1) $y=-x^2+4x+a=-(x-2)^2+a+4$

よって，頂点の座標は，$(2,\ a+4)$

(2) 2 次関数 $y=-x^2+4x+a$ のグラフは，上に凸で，軸は直線 $x=2$

x の値が軸から遠くなるほど y の値は小さくなるから，$1 \leqq x \leqq 5$ では，$x=5$ のとき y は最小値をとる。

$x=5$ のとき，

$y=-5^2+4\times5+a=a-5$

これが 1 だから，$a-5=1$，$a=6$

7 解答 (1) $y=5(x-2)^2-1$

(2) $y=2(x+4)^2-3$

(3) $y=-3(x-1)^2+4$

(4) $y=-(x+3)^2+6$

解説

(1) 求める 2 次関数は $y=a(x-2)^2-1$ と表せる。グラフが点 $(1,\ 4)$ を通る

から，$4=a(1-2)^2-1$，$a=5$

よって，$y=5(x-2)^2-1$

(2)　求める2次関数は $y=a(x+4)^2-3$ $(a>0)$ と表せる。

グラフが点 $(-2,\ 5)$ を通るから，

$5=a(-2+4)^2-3$，$5=4a-3$，$-4a=-8$，$a=2$

よって，$y=2(x+4)^2-3$

(3)　求める2次関数は $y=a(x-1)^2+4$ $(a<0)$ と表せる。

グラフが点 $(3,\ -8)$ を通るから，

$-8=a(3-1)^2+4$，$-8=4a+4$，$-4a=12$，$a=-3$

よって，$y=-3(x-1)^2+4$

(4)　求める2次関数は $y=a(x+3)^2+q$ と表せる。

グラフが点 $(-6,\ -3)$ を通るから，

$-3=a(-6+3)^2+q$，

$9a+q=-3$　……①

また，点 $(-1,\ 2)$ を通るから，

$2=a(-1+3)^2+q$，

$4a+q=2$　……②

①，②を連立方程式として解くと，

$a=-1$，$q=6$

よって，$y=-(x+3)^2+6$

8 解答　(1) $(-6,\ 0)$，$(2,\ 0)$

(2) $\left(\dfrac{3-\sqrt{5}}{2},\ 0\right)$，$\left(\dfrac{3+\sqrt{5}}{2},\ 0\right)$

解説

2次関数 $y=ax^2+bx+c$ のグラフと x 軸の共有点の x 座標は，2次方程式 $ax^2+bx+c=0$ の実数解である。

(1)　$x^2+4x-12=0$ を解く。

$(x+6)(x-2)=0$，$x=-6,\ 2$

よって，共有点の座標は，

$(-6,\ 0)$，$(2,\ 0)$

(2)　$x^2-3x+1=0$ を解く。

解の公式より，

$$x=\frac{-(-3)\pm\sqrt{(-3)^2-4\cdot1\cdot1}}{2\cdot1}$$

$$=\frac{3\pm\sqrt{9-4}}{2}=\frac{3\pm\sqrt{5}}{2}$$

よって，共有点の座標は，

$\left(\dfrac{3-\sqrt{5}}{2},\ 0\right)$，$\left(\dfrac{3+\sqrt{5}}{2},\ 0\right)$

9 解答　(1) 0個　(2) 1個　(3) 2個

解説

2次関数 $y=ax^2+bx+c$ のグラフと x 軸の共有点の個数は，2次方程式 $ax^2+bx+c=0$ の実数解の個数と一致する。

(1)　2次方程式 $3x^2+7x+5=0$ の判別式を D とすると，

$D=7^2-4\cdot3\cdot5=49-60=-11<0$

よって，共有点の個数は0個。

(2)　2次方程式 $4x^2-12x+9=0$ の判別式を D とすると，

$D=(-12)^2-4\cdot4\cdot9=144-144=0$

よって，共有点の個数は1個。

このとき，2次関数のグラフは，**x 軸に接するといい，その共有点を x 軸との接点**という。

(3)　2次方程式 $-2x^2+9x-6=0$ の判別式を D とすると，

$D=9^2-4\cdot(-2)\cdot(-6)=81-48$
$=33>0$

よって，共有点の個数は2個。

STEP 2　実戦練習

1 解答　(1) $y=x^2-6x+2$

(2) $y=\dfrac{1}{3}(x+6)(x-3)$

解説

(1)　求める2次関数を $y=ax^2+bx+c$

とすると，グラフが3点$(-1,\ 9)$，$(1,\ -3)$，$(2,\ -6)$を通るから，

$$\begin{cases} a-b+c=9 & \cdots\cdots① \\ a+b+c=-3 & \cdots\cdots② \\ 4a+2b+c=-6 & \cdots\cdots③ \end{cases}$$

①−②より，$-2b=12$，$b=-6$

①+②より，$2a+2c=6$，

$a+c=3$ ……④

$b=-6$を③に代入すると，

$4a+2\times(-6)+c=-6$，

$4a+c=6$ ……⑤

⑤−④より，$3a=3$，$a=1$

$a=1$を④に代入すると，

$1+c=3$，$c=2$

よって，$y=x^2-6x+2$

(2) グラフがx軸と2点$(-6,\ 0)$，$(3,\ 0)$で交わるから，求める2次関数は$y=a(x+6)(x-3)$と表せる。

グラフが点$(-3,\ -6)$を通るから，

$-6=a(-3+6)(-3-3)$，$a=\dfrac{1}{3}$

よって，$y=\dfrac{1}{3}(x+6)(x-3)$

2 解答 $a=2$，$b=-4$，$c=5$

解説

2次関数は$y=a(x-1)^2+3\ (a>0)$と表せる。

グラフが点$(2,\ 5)$を通るから，

$5=a(2-1)^2+3$，$5=a+3$，$a=2$

よって，$y=2(x-1)^2+3$

右辺を展開し整理すると，

$y=2(x^2-2x+1)+3=2x^2-4x+5$

3 解答 (1) $y=x^2-x+1$

(2) x軸の正の方向に-1（または負の方向に1），y軸の正の方向に1（または負の方向に-1）だけ平行移動したもの。

解説

(1) 放物線qは，放物線pを平行移動したものだから，$y=x^2+bx+c$と表せる。

グラフが点$(1,\ 1)$を通るから，

$1=1^2+b+c$，$b+c=0$ ……①

また，点$(2,\ 3)$を通るから，

$3=2^2+2b+c$，$2b+c=-1$ ……②

①，②を連立方程式として解くと，

$b=-1$，$c=1$

よって，$y=x^2-x+1$

(2) 放物線pの頂点は，

$y=x^2-3x+2=\left(x-\dfrac{3}{2}\right)^2-\dfrac{1}{4}$

より，点$\left(\dfrac{3}{2},\ -\dfrac{1}{4}\right)$

放物線qの頂点は，

$y=x^2-x+1=\left(x-\dfrac{1}{2}\right)^2+\dfrac{3}{4}$

より，点$\left(\dfrac{1}{2},\ \dfrac{3}{4}\right)$

よって，x軸の正の方向への平行移動は，$\dfrac{1}{2}-\dfrac{3}{2}=-1$，$y$軸の正の方向への平行移動は，$\dfrac{3}{4}-\left(-\dfrac{1}{4}\right)=1$

4 解答 (1) $a=-6$ (2) -15

解説

(1) $y=x^2-6x+a=(x-3)^2+a-9$

2次関数$y=x^2-6x+a$のグラフは，下に凸で，軸は直線$x=3$

xの値が軸から遠くなるほどyの値は大きくなるから，$-2\leqq x\leqq 4$では，$x=-2$のときyは最大値をとる。

$x=-2$のとき，

$y=(-2)^2-6\times(-2)+a=a+16$

最大値は10だから，

$a+16=10$，$a=-6$

(2) (1)より，2次関数の式は，

$y=x^2-6x-6$

$x=3$ のとき，最小値をとるから，
最小値は，$y=3^2-6\times3-6=-15$

5 解答　(1) $a=-2$　(2) 0

解説

(1)　$y=-\frac{1}{2}x^2-2x+a$

$=-\frac{1}{2}(x+2)^2+a+2$

2 次関数 $y=-\frac{1}{2}x^2-2x+a$ のグラフは，上に凸で，軸は直線 $x=-2$

x の値が軸から遠くなるほど y の値は小さくなるから，$-4\leqq x\leqq2$ では，$x=2$ のとき y は最小値をとる。

$x=2$ のとき，

$y=-\frac{1}{2}\times2^2-2\times2+a=a-6$

最小値は -8 だから，

$a-6=-8$，$a=-2$

(2)　(1)より，2 次関数の式は，

$y=-\frac{1}{2}x^2-2x-2$

この 2 次関数は，$x=-2$ のとき，最大値をとるから，最大値は，

$y=-\frac{1}{2}\times(-2)^2-2\times(-2)-2=0$

6 解答　(1) $m<9$　(2) $-3<n<1$

解説

(1)　2 次方程式 $x^2+6x+m=0$ の判別式を D とすると，

$D=6^2-4\cdot1\cdot m=36-4m$

グラフが x 軸と異なる 2 点で交わるのは，$D>0$ のときだから，

$36-4m>0$，$-4m>-36$，$m<9$

(2)　2 次方程式 $x^2+(n-3)x-2n+3=0$ の判別式を D とすると，

$D=(n-3)^2-4\cdot1\cdot(-2n+3)$

$=n^2-6n+9+8n-12=n^2+2n-3$

グラフが x 軸と共有点をもたないのは，$D<0$ のときだから，

$n^2+2n-3<0$，$(n+3)(n-1)<0$，

$-3<n<1$

7 解答　(1) $m=3$　(2) $(-1,\ 0)$

解説

(1)　2 次方程式 $x^2+(m-1)x+m-2=0$ の判別式を D とすると，

$D=(m-1)^2-4\cdot1\cdot(m-2)$

$=m^2-2m+1-4m+8=m^2-6m+9$

グラフが x 軸と接するのは，$D=0$ のときだから，$m^2-6m+9=0$，

$(m-3)^2=0$，$m-3=0$，$m=3$

(2)　(1)より，2 次関数の式は，

$y=x^2+(3-1)x+3-2=x^2+2x+1$

この式を変形して，$y=(x+1)^2$

よって，接点の座標は，$(-1,\ 0)$

8 解答　(1) $x=\frac{\alpha+\beta}{2}$

(2) $-\frac{a}{4}(\alpha-\beta)^2$

解説

$y=a(x-\alpha)(x-\beta)$ を

$y=a(x-p)^2+q$ の形に変形すると，

$y=a(x-\alpha)(x-\beta)$

$=a\{x^2-(\alpha+\beta)x+\alpha\beta\}$

$=a\left\{x^2-(\alpha+\beta)x+\left(\frac{\alpha+\beta}{2}\right)^2-\left(\frac{\alpha+\beta}{2}\right)^2+\alpha\beta\right\}$

$=a\left\{\left(x-\frac{\alpha+\beta}{2}\right)^2-\frac{1}{4}(\alpha^2-2\alpha\beta+\beta^2)\right\}$

$=a\left\{\left(x-\frac{\alpha+\beta}{2}\right)^2-\frac{1}{4}(\alpha-\beta)^2\right\}$

$=a\left(x-\frac{\alpha+\beta}{2}\right)^2-\frac{a}{4}(\alpha-\beta)^2$

(1)　軸の方程式は，$x=\frac{\alpha+\beta}{2}$

(2)　頂点の y 座標は，$-\frac{a}{4}(\alpha-\beta)^2$

4 三角比の応用

問題:66ページ

STEP 1 基本練習

1 解答 (1) $\sqrt{3}$ (2) 3

解説

(1) $\dfrac{a}{\sin A}=2R$ に，$a=3$，$A=60^\circ$ をあてはめると，$\dfrac{3}{\sin 60^\circ}=2R$

$$R=\frac{3}{2\sin 60^\circ}=\frac{3}{\sqrt{3}}=\frac{3\sqrt{3}}{3}=\sqrt{3}$$

(2) $\dfrac{b}{\sin B}=2R$ に，$b=3\sqrt{2}$，$B=45^\circ$ をあてはめると，$\dfrac{3\sqrt{2}}{\sin 45^\circ}=2R$

$$R=\frac{3\sqrt{2}}{2\sin 45^\circ}=3\sqrt{2}\div\frac{2}{\sqrt{2}}$$

$$=3\sqrt{2}\times\frac{\sqrt{2}}{2}=3$$

2 解答 (1) $4\sqrt{2}$ (2) 4

解説

(1) $\dfrac{b}{\sin B}=\dfrac{c}{\sin C}$ に，$b=4$，$B=30^\circ$，$C=45^\circ$ をあてはめると，

$$\frac{4}{\sin 30^\circ}=\frac{c}{\sin 45^\circ}$$

$$c=4\times\frac{1}{\sin 30^\circ}\times\sin 45^\circ$$

$$=4\times 2\times\frac{1}{\sqrt{2}}=\frac{8}{\sqrt{2}}=\frac{8\sqrt{2}}{2}=4\sqrt{2}$$

(2) $\dfrac{b}{\sin B}=2R$ に，$b=4$，$B=30^\circ$ をあてはめると，$\dfrac{4}{\sin 30^\circ}=2R$

$$R=\frac{4}{2\sin 30^\circ}=4$$

3 解答 (1) 8 (2) 8

解説

(1) $B=180^\circ-(45^\circ+105^\circ)=30^\circ$

$\dfrac{a}{\sin A}=\dfrac{b}{\sin B}$ に，$a=8\sqrt{2}$，$A=45^\circ$，$B=30^\circ$ をあてはめると，

$$\frac{8\sqrt{2}}{\sin 45^\circ}=\frac{b}{\sin 30^\circ}$$

$$b=8\sqrt{2}\times\frac{1}{\sin 45^\circ}\times\sin 30^\circ$$

$$=8\sqrt{2}\times\sqrt{2}\times\frac{1}{2}=8$$

(2) $\dfrac{a}{\sin A}=2R$ に，$a=8\sqrt{2}$，$A=45^\circ$ をあてはめると，$\dfrac{8\sqrt{2}}{\sin 45^\circ}=2R$

$$R=\frac{8\sqrt{2}}{2\sin 45^\circ}=8\sqrt{2}\times\frac{\sqrt{2}}{2}=8$$

4 解答 (1) $\sqrt{6}$ (2) 3

解説

(1) $\dfrac{c}{\sin C}=2R$ に，$R=\sqrt{3}$，$C=45^\circ$ をあてはめると，$\dfrac{c}{\sin 45^\circ}=2\times\sqrt{3}$

$$c=2\sqrt{3}\times\sin 45^\circ=2\sqrt{3}\times\frac{1}{\sqrt{2}}$$

$$=\frac{2\sqrt{3}}{\sqrt{2}}=\frac{2\sqrt{6}}{2}=\sqrt{6}$$

(2) $\dfrac{b}{\sin B}=2R$ に，$R=\sqrt{3}$，$B=60^\circ$ をあてはめると，$\dfrac{b}{\sin 60^\circ}=2\times\sqrt{3}$

$$b=2\sqrt{3}\times\sin 60^\circ=2\sqrt{3}\times\frac{\sqrt{3}}{2}=3$$

5 解答 (1) $\sqrt{21}$ (2) $\sqrt{5}$ (3) 5

解説

(1) $b^2=c^2+a^2-2ca\cos B$ に，$a=5$，$c=4$，$B=60^\circ$ をあてはめて，

$$b^2=4^2+5^2-2\cdot 4\cdot 5\cos 60^\circ$$

$$=16+25-2\cdot 4\cdot 5\cdot\frac{1}{2}$$

$$=16+25-20=21$$

$b>0$ だから，$b=\sqrt{21}$

(2) $c^2=a^2+b^2-2ab\cos C$ に，$a=\sqrt{2}$，$b=3$，$C=45^\circ$ をあてはめて，

$$c^2=(\sqrt{2})^2+3^2-2\cdot\sqrt{2}\cdot 3\cos 45^\circ$$

$$=2+9-2\cdot\sqrt{2}\cdot 3\cdot\frac{1}{\sqrt{2}}=2+9-6=5$$

$c>0$ だから，$c=\sqrt{5}$

(3)　$a^2=b^2+c^2-2bc\cos A$ に，$b=1$，$c=3\sqrt{2}$，$A=135°$ をあてはめて，

$a^2=1^2+(3\sqrt{2})^2-2\cdot1\cdot3\sqrt{2}\cos135°$

$=1+18-2\cdot1\cdot3\sqrt{2}\cdot\left(-\frac{1}{\sqrt{2}}\right)$

$=1+18+6=25$

$a>0$ だから，$a=5$

6 解答　(1) $\cos B=\frac{1}{2}$，$B=60°$

(2) $10\sqrt{3}$

解説

(1)　$b^2=c^2+a^2-2ca\cos B$ より，

$\cos B=\frac{c^2+a^2-b^2}{2ca}$

この式に，$a=8$，$b=7$，$c=5$ をあてはめて，

$\cos B=\frac{5^2+8^2-7^2}{2\cdot5\cdot8}=\frac{25+64-49}{80}$

$=\frac{40}{80}=\frac{1}{2}$

$0°<B<180°$ だから，$B=60°$

(2)　△ABC の面積を S とする。

$S=\frac{1}{2}ca\sin B$ に，$a=8$，$c=5$，$B=60°$ をあてはめて，

$S=\frac{1}{2}\cdot5\cdot8\cdot\sin60°=\frac{1}{2}\cdot5\cdot8\cdot\frac{\sqrt{3}}{2}$

$=10\sqrt{3}$

7 解答　$-\frac{4}{9}$

解説

$\sin\theta+\cos\theta=-\frac{1}{3}$ の両辺を 2 乗すると，$(\sin\theta+\cos\theta)^2=\left(-\frac{1}{3}\right)^2$，

$\sin^2\theta+2\sin\theta\cos\theta+\cos^2\theta=\frac{1}{9}$

ここで，$\sin^2\theta+\cos^2\theta=1$ だから，

$1+2\sin\theta\cos\theta=\frac{1}{9}$，

$2\sin\theta\cos\theta=-\frac{8}{9}$，$\sin\theta\cos\theta=-\frac{4}{9}$

STEP 2　実戦練習

1 解答　(1) 12　(2) $\frac{15}{2}$

解説

(1)　$\frac{a}{\sin A}=2R$ に，$\sin A=\frac{3}{4}$，$R=8$ をあてはめると，

$a=2R\times\sin A=2\times8\times\frac{3}{4}=12$

(2)　$\frac{a}{\sin A}=\frac{b}{\sin B}$ より，

$b=a\times\frac{1}{\sin A}\times\sin B$

この式に，$a=9$，$\sin A=\frac{4}{5}$，$\sin B=\frac{2}{3}$ をあてはめると，

$b=9\times\frac{5}{4}\times\frac{2}{3}=\frac{15}{2}$

2 解答　45°，135°

解説

$\frac{a}{\sin A}=\frac{b}{\sin B}$ より，

$\sin B=b\times\sin A\times\frac{1}{a}$

この式に，$a=\sqrt{2}$，$b=2$，$A=30°$ をあてはめると，

$\sin B=2\times\sin30°\times\frac{1}{\sqrt{2}}$

$=2\times\frac{1}{2}\times\frac{1}{\sqrt{2}}=\frac{1}{\sqrt{2}}$

$0°<B<150°$ だから，$B=45°$，$135°$

ミス対策　$\sin B=\frac{1}{\sqrt{2}}$ を満たす B の値は 2 つある。

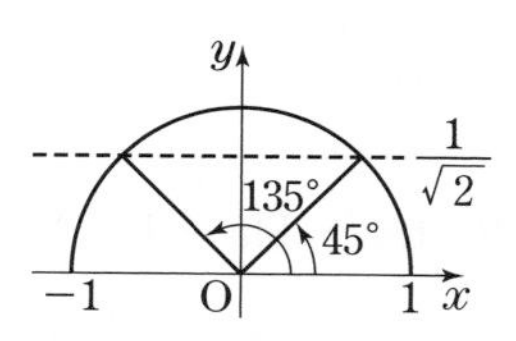

3 解答　(1) 45°　(2) 60°　(3) $2\sqrt{2}$

解説

(1)　$\cos B=\dfrac{c^2+a^2-b^2}{2ca}$ に，$a=1+\sqrt{3}$，
$b=2$，$c=\sqrt{6}$ をあてはめて，

$$\cos B=\frac{(\sqrt{6})^2+(1+\sqrt{3})^2-2^2}{2\cdot\sqrt{6}\cdot(1+\sqrt{3})}$$
$$=\frac{6+(1+2\sqrt{3}+3)-4}{2\sqrt{6}(1+\sqrt{3})}$$
$$=\frac{6+2\sqrt{3}}{2\sqrt{6}(1+\sqrt{3})}=\frac{2\sqrt{3}(1+\sqrt{3})}{2\sqrt{6}(1+\sqrt{3})}$$
$$=\frac{\sqrt{3}}{\sqrt{6}}=\frac{1}{\sqrt{2}}$$

$0°<B<180°$ だから，$B=45°$

(2)　$\cos C=\dfrac{a^2+b^2-c^2}{2ab}$ に，$a=1+\sqrt{3}$，
$b=2$，$c=\sqrt{6}$ をあてはめて，

$$\cos C=\frac{(1+\sqrt{3})^2+2^2-(\sqrt{6})^2}{2\cdot(1+\sqrt{3})\cdot 2}$$
$$=\frac{(1+2\sqrt{3}+3)+4-6}{4(1+\sqrt{3})}$$
$$=\frac{2+2\sqrt{3}}{4(1+\sqrt{3})}=\frac{2(1+\sqrt{3})}{4(1+\sqrt{3})}=\frac{1}{2}$$

$0°<C<180°$ だから，$C=60°$

(3)　外接円の半径を R とする。
$\dfrac{b}{\sin B}=2R$ に，$b=2$，$B=45°$
をあてはめて，

$$2R=\frac{2}{\sin 45°}=2\times\sqrt{2}=2\sqrt{2}$$

4 解答　AB$=4\sqrt{3}$，$B=60°$，$C=90°$
または，AB$=2\sqrt{3}$，$B=120°$，
$C=30°$

解説

$\dfrac{a}{\sin A}=\dfrac{b}{\sin B}$ より，

$\sin B=b\times\sin A\times\dfrac{1}{a}$

この式に，$a=2\sqrt{3}$，$b=6$，$A=30°$
をあてはめて，

$\sin B=6\times\sin 30°\times\dfrac{1}{2\sqrt{3}}$

$=6\times\dfrac{1}{2}\times\dfrac{1}{2\sqrt{3}}=\dfrac{\sqrt{3}}{2}$

$0°<B<150°$ だから，$B=60°$，$120°$

$B=60°$ のとき，

$C=180°-(30°+60°)=90°$

$\dfrac{2\sqrt{3}}{\sin 30°}=\dfrac{c}{\sin 90°}$ より，

$c=2\sqrt{3}\times\dfrac{1}{\sin 30°}\times\sin 90°$

$=2\sqrt{3}\times 2\times 1=4\sqrt{3}$

$B=120°$ のとき，

$C=180°-(30°+120°)=30°$

$\dfrac{2\sqrt{3}}{\sin 30°}=\dfrac{c}{\sin 30°}$ より，

$c=2\sqrt{3}\times\dfrac{1}{\sin 30°}\times\sin 30°=2\sqrt{3}$

5 解答　(1) $-\dfrac{1}{2}$　(2) $2\sqrt{3}$

解説

(1)　$k>0$ として，BC$=7k$，CA$=5k$，
AB$=3k$ とする。

$$\cos A=\frac{(5k)^2+(3k)^2-(7k)^2}{2\cdot 5k\cdot 3k}$$
$$=\frac{25k^2+9k^2-49k^2}{30k^2}=-\frac{15k^2}{30k^2}=-\frac{1}{2}$$

(2)　$0°<A<180°$ だから，$A=120°$

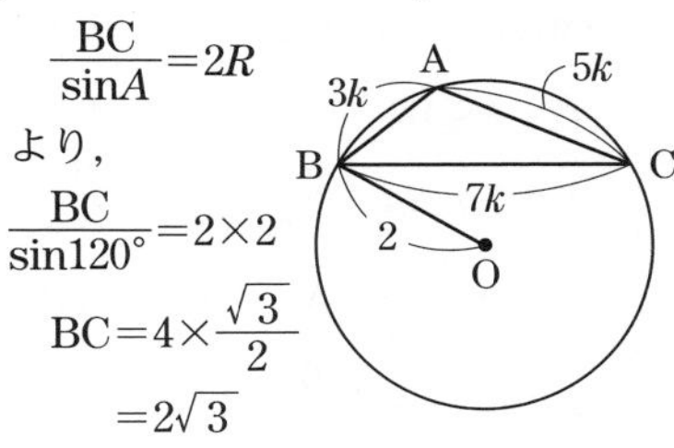

$\dfrac{\text{BC}}{\sin A}=2R$
より，

$\dfrac{\text{BC}}{\sin 120°}=2\times 2$

BC$=4\times\dfrac{\sqrt{3}}{2}$

$=2\sqrt{3}$

6 解答　$\dfrac{7}{5}$

解説

$\dfrac{5}{\sin A}=\dfrac{7}{\sin B}=\dfrac{8}{\sin C}$ より，

$\sin A:\sin B:\sin C=5:7:8$

BC：CA：AB
$=5:7:8$ より，
BC$=5k$，CA$=7k$，
AB$=8k$ とする。

$\cos A=\dfrac{(7k)^2+(8k)^2-(5k)^2}{2\cdot 7k\cdot 8k}$

$=\dfrac{49k^2+64k^2-25k^2}{112k^2}=\dfrac{88k^2}{112k^2}=\dfrac{11}{14}$

$\sin^2 A+\cos^2 A=1$ より，

$\sin^2 A=1-\cos^2 A=1-\left(\dfrac{11}{14}\right)^2=\dfrac{75}{196}$

$0°<A<180°$ より，$\sin A>0$

よって，$\sin A=\sqrt{\dfrac{75}{196}}=\dfrac{5\sqrt{3}}{14}$

$\dfrac{BC}{\sin A}=2R$ より，

$R=\dfrac{BC}{2\sin A}=\sqrt{3}\times\dfrac{7}{5\sqrt{3}}=\dfrac{7}{5}$

7 解答　$4\sqrt{6}$

解説

$\cos A=\dfrac{b^2+c^2-a^2}{2bc}$

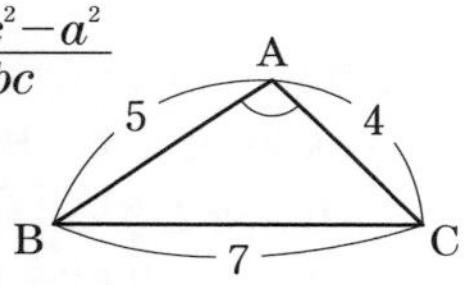

$=\dfrac{4^2+5^2-7^2}{2\cdot 4\cdot 5}$

$=\dfrac{16+25-49}{40}$

$=-\dfrac{8}{40}=-\dfrac{1}{5}$

$\sin^2 A+\cos^2 A=1$ より，

$\sin^2 A=1-\cos^2 A=1-\left(-\dfrac{1}{5}\right)^2=\dfrac{24}{25}$

$0°<A<180°$ より，$\sin A>0$

よって，$\sin A=\sqrt{\dfrac{24}{25}}=\dfrac{2\sqrt{6}}{5}$

$\triangle ABC=\dfrac{1}{2}\times AB\times AC\times\sin A$

$=\dfrac{1}{2}\times 5\times 4\times\dfrac{2\sqrt{6}}{5}=4\sqrt{6}$

8 解答　(1) $\dfrac{15\sqrt{3}}{2}$　(2) 7

解説

(1)　対角線 AC をひき，△ABC の面積を求める。

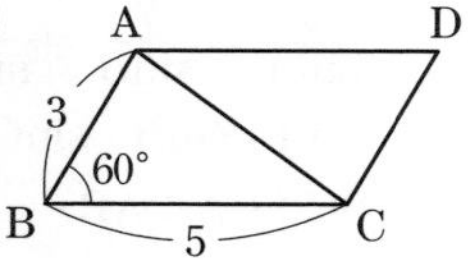

$\triangle ABC=\dfrac{1}{2}\times AB\times BC\times\sin 60°$

$=\dfrac{1}{2}\times 3\times 5\times\dfrac{\sqrt{3}}{2}=\dfrac{15\sqrt{3}}{4}$

$\triangle ABC\equiv\triangle CDA$ だから，

$\triangle ABC=\triangle CDA$

よって，平行四辺形 ABCD の面積は，

$\dfrac{15\sqrt{3}}{4}\times 2=\dfrac{15\sqrt{3}}{2}$

(2)　対角線 BD をひく。

平行四辺形のとなり合う内角の和は 180° だから，

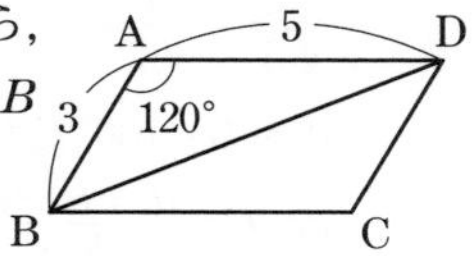

$A=180°-B$

$=180°-60°$

$=120°$

△ABD で，余弦定理より，

$BD^2=AB^2+AD^2-2AB\times AD\cos A$

$=3^2+5^2-2\cdot 3\cdot 5\cdot\cos 120°$

$=9+25-2\cdot 3\cdot 5\cdot\left(-\dfrac{1}{2}\right)$

$=9+25+15=49$

$BD>0$ だから，$BD=\sqrt{49}=7$

9 解答　(1) $\dfrac{\sqrt{7}}{2}$　(2) $\dfrac{2}{5}$

解説

(1)　$\sin\theta+\cos\theta=\dfrac{1}{2}$ の両辺を 2 乗すると，$(\sin\theta+\cos\theta)^2=\left(\dfrac{1}{2}\right)^2$，

$\sin^2\theta+2\sin\theta\cos\theta+\cos^2\theta=\dfrac{1}{4}$

$\sin^2\theta+\cos^2\theta=1$ だから，

$1+2\sin\theta\cos\theta=\dfrac{1}{4}$，

$\sin\theta\cos\theta=-\dfrac{3}{8}$

$(\sin\theta-\cos\theta)^2$

$=\sin^2\theta-2\sin\theta\cos\theta+\cos^2\theta$

$=1-2\times\left(-\dfrac{3}{8}\right)=1+\dfrac{3}{4}=\dfrac{7}{4}$

$0°<\theta<180°$ より，$\sin\theta>0$

$\sin\theta\cos\theta<0$ だから，$\cos\theta<0$

よって，$\sin\theta-\cos\theta>0$ より，

$$\sin\theta-\cos\theta=\sqrt{\frac{7}{4}}=\frac{\sqrt{7}}{2}$$

(2) $1+\tan^2\theta=\dfrac{1}{\cos^2\theta}$より，

$$\frac{1}{\cos^2\theta}=1+\left(\frac{1}{2}\right)^2=1+\frac{1}{4}=\frac{5}{4}$$

よって，$\cos^2\theta=\dfrac{4}{5}$

$\dfrac{\sin\theta}{\cos\theta}=\tan\theta$の両辺に$\cos^2\theta$をかけると，$\sin\theta\cos\theta$

$=\tan\theta\cos^2\theta=\dfrac{1}{2}\times\dfrac{4}{5}=\dfrac{2}{5}$

5 図形の応用

問題：72ページ

STEP 1 基本練習

1 解答 △ABD と △CBE において，
BE は ∠ABC の二等分線だから，
∠ABD＝∠CBE ……①
対頂角は等しいから，
∠ADB＝∠CDE ……②
CD＝CE だから，
∠CDE＝∠CEB ……③
②，③より，∠ADB＝∠CEB …④
①，④より，2 組の角がそれぞれ等しいから，△ABD∽△CBE

解説

三角形の相似条件

❶ 3 組の辺の比がすべて等しい。
❷ 2 組の辺の比とその間の角がそれぞれ等しい。
❸ 2 組の角がそれぞれ等しい。

2 解答 △PAB と △PCA において，
共通な角だから，
∠APB＝∠CPA ……①
接線と弦のつくる角の定理より，
∠PAB＝∠PCA ……②
①，②より，2 組の角がそれぞれ等しいから，△PAB∽△PCA

解説

接線と弦のつくる角の定理

円の接線とその接点を通る弦のつくる角は，その角の内部にある弧に対する円周角に等しい。

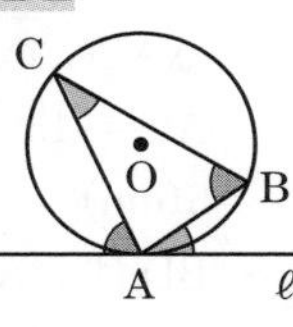

3 解答 BA の延長と点 C を通り AD に平行な直線の交点を E とする。
AD は ∠BAC の二等分線だから，
∠BAD＝∠CAD ……①
AD // EC で，平行線の同位角は等しいから，∠BAD＝∠AEC ……②
また，平行線の錯角は等しいから，
∠CAD＝∠ACE ……③
①，②，③より，∠AEC＝∠ACE
よって，AE＝AC ……④
AD // EC で，平行線と比の定理より，
BA：AE＝BD：DC ……⑤
④，⑤より，AB：AC＝BD：DC

解説

この証明から次の定理が成り立つ。

三角形の内角の二等分線と比の定理

△ABC の ∠BAC の二等分線と辺 BC との交点 D は，辺 BC を AB：AC に内分する。

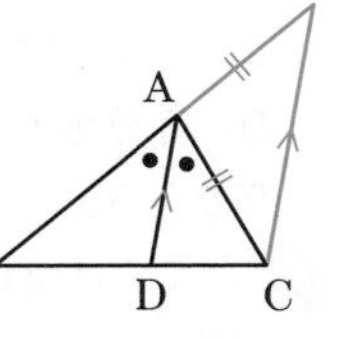

4 解答 6 cm

解説

三角形の内角の二等分線と比の定理より，AD：DC＝BA：BC，
AD：DC＝9：15＝3：5

よって，$AD=16\times\frac{3}{8}=6$(cm)

5 解答 $\frac{13}{5}$ cm

解説

△ABC で，三平方の定理より，

$AC=\sqrt{13^2-12^2}=\sqrt{169-144}=\sqrt{25}$
$=5$(cm)

BD は ∠ABC の二等分線だから，

AD：DC＝BA：BC，

AD：DC＝13：12，

よって，$AD=5\times\frac{13}{25}=\frac{13}{5}$(cm)

6 解答 点 I は △ABC の内心だから，BI，CI はそれぞれ ∠ABC，∠ACB の二等分線である。

よって，△IBC において，

$\angle BIC=180°-(\angle IBC+\angle ICB)$

$=180°-\left(\frac{1}{2}\angle ABC+\frac{1}{2}\angle ACB\right)$

$=180°-\frac{1}{2}(\angle ABC+\angle ACB)$

$=180°-\frac{1}{2}(180°-\angle BAC)$

$=180°-90°+\frac{1}{2}\angle BAC$

$=90°+\frac{1}{2}\angle BAC$

解説

三角形の内心は，3 つの内角の二等分線の交点である。

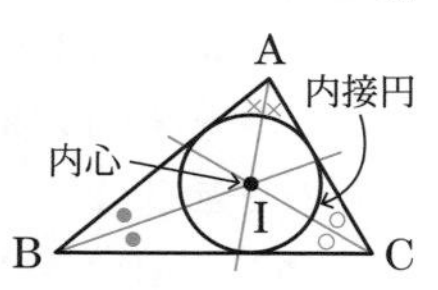

7 解答 (1) 240 cm^2 (2) 360π cm^3

解説

(1) △ABC と △DEF の相似比は，

BC：EF＝5：20＝1：4

相似な図形の面積比は，相似比の 2 乗に等しいから，

△ABC：△DEF＝1^2：4^2＝1：16，

15：△DEF＝1：16

△DEF＝15×16＝240(cm^2)

(2) 円柱 P と円柱 Q の相似比は，

8：16＝1：2

相似な立体の体積比は，相似比の 3 乗に等しいから，

(P の体積)：(Q の体積)＝1^3：2^3
＝1：8，45π：(Q の体積)＝1：8

(Q の体積)＝$45\pi\times8=360\pi$(cm^3)

8 解答 96π cm^3

解説

円錐の高さは，三平方の定理より，

$\sqrt{10^2-6^2}=\sqrt{100-36}=\sqrt{64}=8$(cm)

よって，円錐の体積は，

$\frac{1}{3}\pi\times6^2\times8=96\pi$($cm^3$)

9 解答 $18\sqrt{2}\pi$ cm^3

解説

△ABC は直角二等辺三角形だから，

$AB:BC=\sqrt{2}:1$，$6:BC=\sqrt{2}:1$，

$BC=\frac{6\times1}{\sqrt{2}}=3\sqrt{2}$(cm)

また，$AC=BC=3\sqrt{2}$(cm)

よって，できる回転体は右の図のような円錐になる。この円錐の体積は，

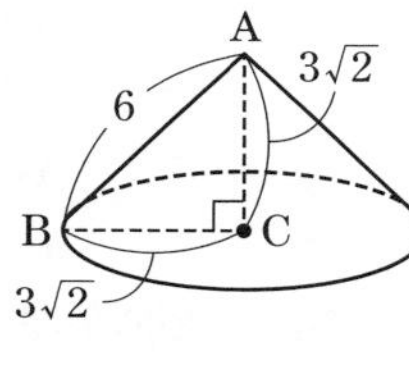

$\frac{1}{3}\pi\times(3\sqrt{2})^2\times3\sqrt{2}=18\sqrt{2}\pi$($cm^3$)

10 解答 (1) 3：2 (2) 1：1

解説

球の半径を r とすると，円柱の底面の半径は r，高さは $2r$ である。

(1) 円柱の体積は，$\pi\times r^2\times2r=2\pi r^3$

球の体積は，$\frac{4}{3}\pi r^3$

よって，円柱と球の体積の比は，

$2\pi r^3 : \frac{4}{3}\pi r^3 = 2 : \frac{4}{3} = 3 : 2$

(2) 円柱の側面積は,

$2r \times (2\pi \times r) = 4\pi r^2$

球の表面積は, $4\pi \times r^2 = 4\pi r^2$

よって, 円柱の側面積と球の表面積の比は, $4\pi r^2 : 4\pi r^2 = 1 : 1$

STEP 2 実戦練習

1 解答 (1) △PAD と△PCB において,

共通な角だから,

∠APD＝∠CPB ……①

円に内接する四角形について, 内角は, その対角の外角に等しいから, ∠PDA＝∠PBC ……②

①, ②より, 2 組の角がそれぞれ等しいから, △PAD∽△PCB

(2) 18 cm

解説

(2) PB＝x cm とする。

△PAD∽△PCB より,

PD : PB＝PA : PC だから,

$(9+11) : x = (x+12+12) : 9$,

$20 \times 9 = x(x+24)$, $x^2+24x-180=0$,

$(x+30)(x-6)=0$, $x=-30$, 6

$x>0$ だから, $x=6$

PO＝PB＋BO＝6＋12＝18(cm)

2 解答 (1) △ABF と△DBE において,

$AB^2+CA^2=12^2+9^2=225$,

$BC^2=15^2=225$ より,

$AB^2+CA^2=BC^2$

よって, △ABC は ∠BAC＝90° の直角三角形だから,

∠BAF＝∠BDE ……①

AE＝AF だから,

∠AEF＝∠AFB ……②

対頂角は等しいから,

∠AEF＝∠DEB ……③

②, ③より,

∠AFB＝∠DEB ……④

①, ④より, 2 組の角がそれぞれ等しいから, △ABF∽△DBE

(2) 4 : 5

解説

(2) (1)より, ∠ABF＝∠CBF であり, BF は ∠ABC の二等分線になるから,

AF : FC＝BA : BC,

よって, AF : FC＝12 : 15＝4 : 5

△ABF と △CBF で, AF, FC をそれぞれ底辺とみると, 高さは等しいから, 面積比は底辺の比に等しい。

したがって,

△ABF : △CBF＝AF : FC＝4 : 5

3 解答 (1) $x=1$ (2) $r=1$

解説

(1) 円の外部の 1 点からその円にひいた 2 つの接線の長さは等しいから,

AD＝AF＝x cm

BD＝AB－AD＝4－x(cm)だから,

BE＝BD＝4－x(cm)

CF＝AC－AF＝3－x(cm)だから,

CE＝CF＝3－x(cm)

BE＋CE＝BC だから,

$(4-x)+(3-x)=5$, $7-2x=5$,

$-2x=-2$, $x=1$(cm)

(2) △ABC において,

$AB^2+CA^2=4^2+3^2=25$,

$BC^2=5^2=25$ より, $AB^2+CA^2=BC^2$

△ABC は ∠A＝90° の直角三角形だから, △ABC＝$\frac{1}{2} \times 4 \times 3 = 6$(cm²)

円の接線は，その接点を通る円の半径に垂直だから，OD⊥AB

よって，$\triangle OAB=\frac{1}{2}\times4\times r=2r$

同様にして，

$\triangle OBC=\frac{5}{2}r$，$\triangle OCA=\frac{3}{2}r$

$\triangle OAB+\triangle OBC+\triangle OCA$
$=\triangle ABC$ だから，

$2r+\frac{5}{2}r+\frac{3}{2}r=6$，$6r=6$，

$r=1$(cm)

4 解答 33：32

解説

3つの三角形 △ADE，△AFG，△ABC は相似で，相似比は，

AD：AF：AB
$=4:(4+3):(4+3+2)=4:7:9$

よって，面積の比は，

$4^2:7^2:9^2=16:49:81$

これより，$\triangle ADE=16S$，$\triangle AFG=49S$，$\triangle ABC=81S$ と表せる。

四角形 DFGE の面積は，

$\triangle AFG-\triangle ADE=49S-16S=33S$

四角形 FBCG の面積は，

$\triangle ABC-\triangle AFG=81S-49S=32S$

よって，四角形 DFGE と四角形 FBCG の面積比は，$33S:32S=33:32$

5 解答 P の体積 30 cm^3，Q の体積 210 cm^3，R の体積 570 cm^3

解説

立体 P，P と Q を合わせた立体，P と Q と R を合わせた立体はどれも相似な三角錐で，相似比は，1：2：3

体積比は，$1^3:2^3:3^3=1:8:27$

よって，P，Q，R の体積比は，

$1:(8-1):(27-8)=1:7:19$

P の体積は，$810\times\frac{1}{27}=30$(cm^3)

Q の体積は，$810\times\frac{7}{27}=210$(cm^3)

R の体積は，$810\times\frac{19}{27}=570$(cm^3)

6 解答 1：2

解説

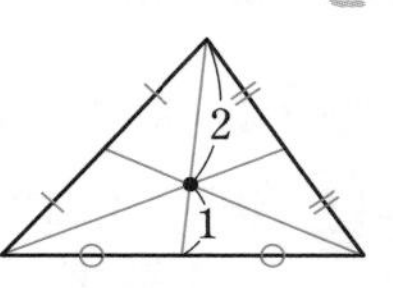

三角形の重心は各中線を 2：1 に内分する。

点 G は △ABC の重心だから，BG：GF＝2：1

また，中点連結定理より，DF∥BC

平行線と比の定理より，

HG：GE＝GF：BG＝1：2

7 解答 (1) 64π cm^3 (2) 32π cm^3

解説

(1) △ABC で，三平方の定理より，

$AC=\sqrt{8^2-4^2}=\sqrt{48}=4\sqrt{3}$ (cm)

よって，できる回転体は右の図のような円錐になる。

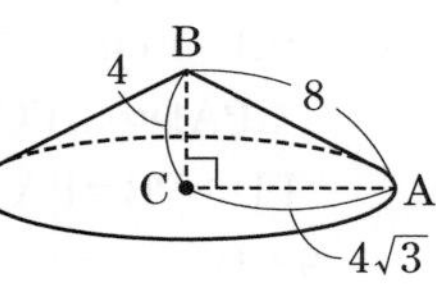

したがって，この円錐の体積は，

$\frac{1}{3}\pi\times(4\sqrt{3})^2\times4=64\pi$(cm^3)

(2) できる回転体は右の図のような2つの円錐を合わせた立体になる。

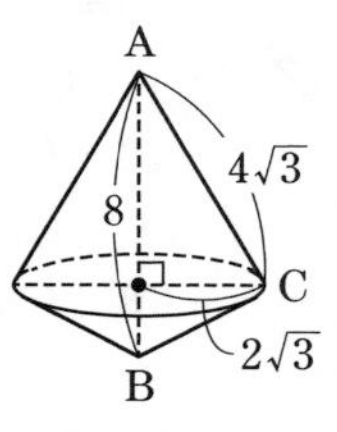

よって，この立体の体積は，

$\frac{1}{3}\pi\times(2\sqrt{3})^2\times8=32\pi$(cm^3)

8 解答 15 cm

解説

かける糸の長さがもっとも短くなるとき，糸の長さは，右の展開図上で，線分DGの長さになる。

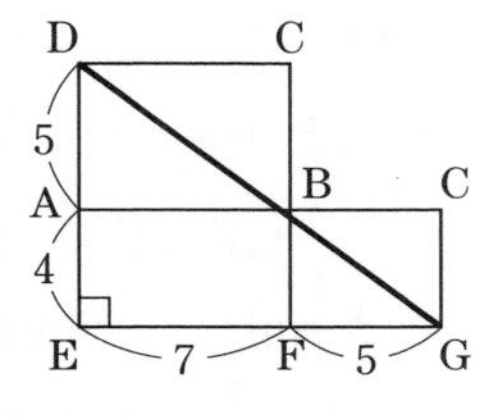

△DEGで，三平方の定理より，

$DG=\sqrt{(5+4)^2+(7+5)^2}=\sqrt{9^2+12^2}$
$=\sqrt{225}=15$(cm)

6 データの分析

問題：78ページ

STEP 1 基本練習

1 解答　およそ230個

解説

無作為に取り出した20個の球に含まれる赤球の割合は，$\frac{6}{20}=\frac{3}{10}$と推定できる。

よって，750個の球に含まれる赤球の個数は，$750\times\frac{3}{10}=225$(個)

したがって，およそ230個。

【別解】 無作為に取り出した20個の球に含まれる赤球と白球の割合は，

6：14＝3：7

袋の中の赤球の個数をx個とすると，

$x:750=3:(3+7)$，$x:750=3:10$，
$10x=750\times3$，$x=225$(個)

2 解答　およそ530個

解説

検査した400個の製品に含まれる不良品の割合は$\frac{7}{400}$と推定できる。

30000個の製品に含まれる不良品の個数は，$30000\times\frac{7}{400}=525$(個)

よって，およそ530個。

【別解】 検査した製品に含まれる不良品と全体の製品の割合は，7：400

不良品の個数をx個とすると，

$x:30000=7:400$，$400x=30000\times7$，
$x=525$(個)

3 解答　(1) 68点　(2) 35点

解説

(1) **範囲＝最大値－最小値**だから，
$96-28=68$(点)

(2) 第1四分位数は，$Q_1=43$(点)
第3四分位数は，$Q_3=78$(点)
四分位範囲は，
$\boldsymbol{Q_3-Q_1}=78-43=35$(点)

4 解答　(1) 7　(2) 5.8　(3) 2.4

解説

(1) $\bar{x}=\frac{1}{10}(8+4+9+6+9+10+8+3+9+4)$
$=\frac{1}{10}\times70=7$

(2) $s^2=\frac{1}{10}\{(8-7)^2+(4-7)^2+(9-7)^2$
$+(6-7)^2+(9-7)^2+(10-7)^2+(8-7)^2$
$+(3-7)^2+(9-7)^2+(4-7)^2\}$
$=\frac{1}{10}(1+9+4+1+4+9+1+16+4+9)$
$=\frac{1}{10}\times58=5.8$

(3) $s=\sqrt{5.8}\fallingdotseq2.40\cdots$　よって，$s=2.4$

STEP 2 実戦練習

1 解答　およそ380匹

解説

数日後に捕獲したブラックバスについて，印がついたブラックバスと捕獲したブラックバスの割合は，

6：75＝2：25

湖全体におけるブラックバスの割合も，この割合に等しいと考えられる。

湖全体のブラックバスの数を x 匹とすると，$30:x=2:25$，$30\times25=2x$，

$x=375$(匹)　よって，およそ 380 匹。

【別解】　数日後に捕獲したブラックバスについて，印がついたブラックバスの割合は，$\dfrac{6}{75}=\dfrac{2}{25}$ と推定できる。

湖全体のブラックバスの数を x 匹とすると，

$x\times\dfrac{2}{25}=30$，$x=30\times\dfrac{25}{2}=375$(匹)

2 解答　37 点

解説

データを値の大きさの順に並べると，

下位のデータ：27，32，39，48，51，55，60，

上位のデータ：65，72，76，85，89，94

第 1 四分位数は，

$Q_1=\dfrac{39+48}{2}=43.5$(点)

第 3 四分位数は，

$Q_3=\dfrac{76+85}{2}=80.5$(点)

$Q_3-Q_1=80.5-43.5=37$(点)

3 解答

(1) $s^2=\dfrac{1}{n}\{(x_1-\overline{x})^2+(x_2-\overline{x})^2+\cdots+(x_n-\overline{x})^2\}$

$=\dfrac{1}{n}\{(x_1{}^2+x_2{}^2+\cdots+x_n{}^2)-2\overline{x}(x_1+x_2+\cdots+x_n)+n(\overline{x})^2\}$

$=\dfrac{1}{n}(x_1{}^2+x_2{}^2+\cdots+x_n{}^2)-2\overline{x}\cdot\dfrac{1}{n}(x_1+x_2+\cdots+x_n)+(\overline{x})^2$

$=\overline{x^2}-2\overline{x}\cdot\overline{x}+(\overline{x})^2$

$=\overline{x^2}-2(\overline{x})^2+(\overline{x})^2=\overline{x^2}-(\overline{x})^2$

(2) $s^2=4.7$，$s=2.2$

解説

(1)　$\dfrac{1}{n}(x_1+x_2+\cdots+x_n)=\overline{x}$，

$\dfrac{1}{n}(x_1{}^2+x_2{}^2+\cdots+x_n{}^2)=\overline{x^2}$

を利用して，式を変形する。

(2)　$\overline{x}=\dfrac{1}{10}(3+6+4+8+1+5+6+2+7+3)$

$=\dfrac{1}{10}\times45=4.5$

$\overline{x^2}=\dfrac{1}{10}(3^2+6^2+4^2+8^2+1^2+5^2+6^2+2^2+7^2+3^2)$

$=\dfrac{1}{10}\times249=24.9$

$s^2=\overline{x^2}-(\overline{x})^2=24.9-4.5^2$

$=24.9-20.25=4.65$

よって，$s^2=4.7$

$s=\sqrt{4.7}\fallingdotseq2.16\cdots$ より，$s=2.2$

4 解答　(1) 5　(2) 45

解説

5 個の値のデータを x，15 個の値のデータを y，全体のデータを z とする。

(1)　$\overline{z}=\dfrac{8\times5+4\times15}{20}=\dfrac{100}{20}=5$

(2)　(x の分散)$=\overline{x^2}-(\overline{x})^2$ より，

$\overline{x^2}=$(x の分散)$+(\overline{x})^2$

$=36+8^2=100$

同様にして，

$\overline{y^2}=$(y の分散)$+(\overline{y})^2$

$=44+4^2=60$

よって，

$\overline{z^2}=\dfrac{100\times5+60\times15}{20}=\dfrac{1400}{20}=70$

したがって，このデータの分散は，

(z の分散)$=\overline{z^2}-(\overline{z})^2=70-5^2=45$

確率の応用

問題:81ページ

STEP 1 基本練習

1 解答 (1) 45本 (2) 120個

解説

(1) 線分の本数は，10個の点から2個の点を選ぶ組合せの総数だから，

$${}_{10}C_2=\frac{10\cdot 9}{2\cdot 1}=45(\text{本})$$

(2) 三角形の個数は，10個の点から3個の点を選ぶ組合せの総数だから，

$${}_{10}C_3=\frac{10\cdot 9\cdot 8}{3\cdot 2\cdot 1}=120(\text{個})$$

2 解答 $\frac{3}{7}$

解説

7個の球から2個の球を取り出す場合の数は，${}_7C_2=\frac{7\cdot 6}{2\cdot 1}=21$(通り)

2個とも赤球を取り出す場合の数は，${}_3C_2={}_3C_1=3$(通り)だから，確率は$\frac{3}{21}$

2個とも白球を取り出す場合の数は，${}_4C_2=\frac{4\cdot 3}{2\cdot 1}=6$(通り)だから，確率は$\frac{6}{21}$

この2つの事象は，互いに排反だから，求める確率は，$\frac{3}{21}+\frac{6}{21}=\frac{9}{21}=\frac{3}{7}$

2個の球の色が同じになるのは，2個とも赤球を取り出す場合と2個とも白球を取り出す場合の2通りの場合がある。

3 解答 (1) $\frac{1}{20}$ (2) $\frac{2}{5}$

解説

(1) 箱A，Bから当たりくじをひく確率は，それぞれ$\frac{2}{10}$，$\frac{3}{12}$だから，

$$\frac{2}{10}\times\frac{3}{12}=\frac{1}{20}$$

(2) 「少なくとも1本が当たりくじである」という事象は，「2本ともはずれくじである」という事象の余事象である。

箱A，Bからはずれくじをひく確率は，それぞれ$\frac{8}{10}$，$\frac{9}{12}$だから，

2本ともはずれくじをひく確率は，

$$\frac{8}{10}\times\frac{9}{12}=\frac{3}{5}$$

よって，求める確率は，$1-\frac{3}{5}=\frac{2}{5}$

4 解答 $\frac{13}{18}$

解説

「2個の整数の積が偶数」という事象は，「2個の整数の積が奇数」という事象の余事象である。

2個の整数の選び方は，

$${}_9C_2=\frac{9\cdot 8}{2\cdot 1}=36(\text{通り})$$

積が奇数になるのは，2個とも奇数を選ぶ場合で，その選び方は，

$${}_5C_2=\frac{5\cdot 4}{2\cdot 1}=10(\text{通り})$$

積が奇数になる確率は，$\frac{10}{36}=\frac{5}{18}$

よって，求める確率は，$1-\frac{5}{18}=\frac{13}{18}$

5 解答 $\frac{5}{324}$

解説

1回の試行で，1の目が出る確率は，$\frac{1}{6}$ よって，反復試行の確率より，

$${}_4C_3\left(\frac{1}{6}\right)^3\left(1-\frac{1}{6}\right)^{4-3}=4\times\left(\frac{1}{6}\right)^3\times\frac{5}{6}$$

$$=\frac{4\times 5}{6^4}=\frac{5}{324}$$

STEP 2 実戦練習

1 解答 (1) 56個 (2) 16個

解説

(1)　三角形の個数は，8 個の頂点から 3 個の点を選ぶ組合せの総数だから，

$${}_8C_3=\frac{8\cdot7\cdot6}{3\cdot2\cdot1}=56(\text{個})$$

(2)　(1)より，三角形の個数は 56 個。

正八角形と 1 辺だけを共有する三角形の個数は，$8\times4=32$(個)

正八角形と 2 辺を共有する三角形の個数は 8 個。

よって，求める三角形の個数は，

$56-(32+8)=16$(個)

2 解答　(1) 126 通り　(2) 60 通り

解説

a が p 個，b が q 個，c が r 個あるとき，それら全部を 1 列に並べる順列の総数は，

$$\boldsymbol{{}_nC_p\times{}_{n-p}C_q=\frac{n!}{p!q!r!}\left(\text{ただし，}p+q+r=n\right)}$$

(1)　右へ 1 マス進むことを→，上へ 1 マス進むことを↑で表す。

A から B まで行く最短の道順は，→5 個と↑4 個を並べる順列になるから，A から B まで行く最短の道順の数は，$\dfrac{9!}{5!4!}=\dfrac{9\cdot8\cdot7\cdot6}{4\cdot3\cdot2\cdot1}=126$(通り)

(2)　A から C までの道順は，$\dfrac{5!}{3!2!}$通り。

C から B までの道順は，$\dfrac{4!}{2!2!}$通り。

よって，求める道順の総数は，

$$\frac{5!}{3!2!}\times\frac{4!}{2!2!}=\frac{5\cdot4}{2!}\times\frac{4\cdot3}{2!}$$

$=10\times6=60$(通り)

3 解答　84 通り

解説

異なる 4 個のものから重複を許して 6 個を選ぶ重複組合せの総数だから，

${}_4H_6={}_{4+6-1}C_6={}_9C_6={}_9C_3$

$$=\frac{9\cdot8\cdot7}{3\cdot2\cdot1}=84(\text{通り})$$

4 解答　(1) $\dfrac{3}{5}$　(2) $\dfrac{151}{350}$

解説

(1)　箱 A，B，C からはずれくじをひく確率は，それぞれ$\dfrac{4}{5}$，$\dfrac{5}{7}$，$\dfrac{7}{10}$だから，3 本ともはずれくじをひく確率は，$\dfrac{4}{5}\times\dfrac{5}{7}\times\dfrac{7}{10}=\dfrac{2}{5}$

余事象の確率より，$1-\dfrac{2}{5}=\dfrac{3}{5}$

(2)　箱 A から当たりくじをひき，箱 B，C からはずれくじをひく確率は，

$$\frac{1}{5}\times\frac{5}{7}\times\frac{7}{10}=\frac{35}{350}$$

箱 B から当たりくじをひき，箱 A，C からはずれくじをひく確率は，

$$\frac{4}{5}\times\frac{2}{7}\times\frac{7}{10}=\frac{56}{350}$$

箱 C から当たりくじをひき，箱 A，B からはずれくじをひく確率は，

$$\frac{4}{5}\times\frac{5}{7}\times\frac{3}{10}=\frac{60}{350}$$

よって，求める確率は，

$$\frac{35}{350}+\frac{56}{350}+\frac{60}{350}=\frac{151}{350}$$

5 解答　(1) $\dfrac{1}{12}$　(2) $\dfrac{1}{4}$

解説

(1)　赤球を 1 個も取り出さないのは，白球 3 個，青球 2 個の計 5 個の球から 3 個の球を取り出す場合である。

10 個の球から 3 個の球を取り出す場合の数は，

$${}_{10}C_3=\frac{10\cdot9\cdot8}{3\cdot2\cdot1}=120(\text{通り})$$

5 個の球から 3 個の球を取り出す場合の数は，

$${}_5C_3={}_5C_2=\frac{5\cdot4}{2\cdot1}=10(\text{通り})$$

よって，求める確率は，$\dfrac{10}{120}=\dfrac{1}{12}$

(2) 取り出した球の色が3種類になるのは，赤球，白球，青球をそれぞれ1個ずつ取り出す場合である。

赤球，白球，青球をそれぞれ1個ずつ取り出す場合の数は，

${}_5C_1\times{}_3C_1\times{}_2C_1=5\times3\times2=30$(通り)

よって，求める確率は，$\dfrac{30}{120}=\dfrac{1}{4}$

6 解答 $\dfrac{211}{243}$

解説

目の数の積が3の倍数になるのは，3の倍数の目が少なくとも1回は出る場合である。3の倍数でない目は，1，2，4，5の4通りだから，さいころを5回振るとき，3の倍数の目が1回も出ない確率は，

$\left(\dfrac{4}{6}\right)^5=\left(\dfrac{2}{3}\right)^5=\dfrac{32}{243}$

余事象の確率より，$1-\dfrac{32}{243}=\dfrac{211}{243}$

7 解答 $\dfrac{1}{4}$

解説

Aさんが当たりくじをひき，Bさんも当たりくじをひく確率は，

$\dfrac{5}{20}\times\dfrac{4}{19}=\dfrac{20}{380}$

Aさんがはずれくじをひき，Bさんが当たりくじをひく確率は，

$\dfrac{15}{20}\times\dfrac{5}{19}=\dfrac{75}{380}$

この2つの事象は互いに排反だから，求める確率は，$\dfrac{20}{380}+\dfrac{75}{380}=\dfrac{95}{380}=\dfrac{1}{4}$

8 解答 (1) $\dfrac{216}{625}$ (2) $\dfrac{162}{625}$

解説

(1) 反復試行の確率より，

${}_4C_2\left(\dfrac{2}{5}\right)^2\left(1-\dfrac{2}{5}\right)^{4-2}=6\times\left(\dfrac{2}{5}\right)^2\times\left(\dfrac{3}{5}\right)^2$

$=\dfrac{6\times2^2\times3^2}{5^4}=\dfrac{216}{625}$

(2) 反復試行の確率より，

${}_5C_1\left(\dfrac{2}{5}\right)^1\left(1-\dfrac{2}{5}\right)^{5-1}=5\times\dfrac{2}{5}\times\left(\dfrac{3}{5}\right)^4$

$=\dfrac{5\times2\times3^4}{5^5}=\dfrac{162}{625}$

9 解答 (1) $\dfrac{80}{243}$ (2) $\dfrac{80}{729}$

解説

(1) 1回の試行で，赤球を取り出す確率は，$\dfrac{10}{15}=\dfrac{2}{3}$

よって，反復試行の確率より，

${}_6C_4\left(\dfrac{2}{3}\right)^4\left(1-\dfrac{2}{3}\right)^{6-4}$

$=15\times\left(\dfrac{2}{3}\right)^4\times\left(\dfrac{1}{3}\right)^2=\dfrac{15\times2^4}{3^6}=\dfrac{80}{243}$

(2) 6回目に2度目の白球を取り出すということは，5回目までに白球をちょうど1回取り出し，6回目に白球を取り出すということである。

5回目までに白球を1回取り出す確率は，反復試行の確率より，

${}_5C_4\left(\dfrac{2}{3}\right)^4\left(1-\dfrac{2}{3}\right)^{5-4}$

$=5\times\left(\dfrac{2}{3}\right)^4\times\dfrac{1}{3}=\dfrac{5\times2^4}{3^5}=\dfrac{80}{243}$

よって，求める確率は，

$\dfrac{80}{243}\times\dfrac{1}{3}=\dfrac{80}{729}$

8 特有問題

問題：85ページ

STEP 1 基本練習

1 解答 (1) 97 (2) 481

解説

(1) 8と12の最小公倍数は，24

最小公倍数24の倍数で，最大の2けたの整数は，$24\times4=96$

よって，求める数は，$96+1=97$

(2) 2，3，4，5，6の最小公倍数は，

$$\begin{array}{r|rrrrr} 2 & 2 & 3 & 4 & 5 & 6 \\ \hline 3 & 1 & 3 & 2 & 5 & 3 \\ \hline & 1 & 1 & 2 & 5 & 1 \end{array}$$

$2^2\times3\times5=60$

最小公倍数60の倍数で，500以下の最大の整数は，$60\times8=480$

よって，求める数は，$480+1=481$

2 解答 8個

解説

正の整数nの約数の積がnになるのは，nの約数が1とnの場合である。つまり，nは素数である。

20より小さい素数は，2，3，5，7，11，13，17，19の8個。

3 解答 月曜日

解説

最初の日曜日をn日とすると，

$n+(n+8)+(n+8+8)+(n+8+8+8)=76$，

$4n+48=76$，$n=7$

よって，最初の日曜日が7日だから，8日後の15日は月曜日。

4 解答 76

解説

$(a+b)+(a+c)+(a+d)+(a+e)$
$+(b+c)+(b+d)+(b+e)+(c+d)$
$+(c+e)+(d+e)$
$=4a+4b+4c+4d+4e$

$24+26+28+29+30+31+32+33$
$+34+37=304$

よって，$4a+4b+4c+4d+4e=304$，

$4(a+b+c+d+e)=304$，

$a+b+c+d+e=76$

STEP 2 実戦練習

1 解答 54

解説

真ん中のさいころのはり合わせた面は向かい合う面だから，はり合わせた面の数の和は7

よって，左右のさいころの1の面を真ん中のさいころの面にはり合わせれば，はり合わせた面以外の目の数の和は最大になる。

3つのさいころのすべての面の数の和は，$(1+2+3+4+5+6)\times3=63$

はり合わせた面の数の和は，

$7+1\times2=9$

したがって，$63-9=54$

2 解答 四面体2個，四角錐3個，三角柱1個

解説

それぞれの立体の面の数，辺の数は次のようになる。

	四面体	四角錐	三角柱
面の数	4	5	5
辺の数	6	8	9

それぞれの立体が2個ずつあるとき，

面の数の合計は，$(4+5+5)\times2=28$，

辺の数の合計は，$(6+8+9)\times2=46$

面の数はこのままで，辺の数を1だけ少なくすればよいから，三角柱を1個に，四角錐を3個にすればよい。

3 解答 2

解説

a，bは，整数m，nを用いて，

$a=5m+3$，$b=5n+4$と表せるから，

$ab=(5m+3)(5n+4)$

$=25mn+20m+15n+12$

$=5(5mn+4m+3n+2)+2$

よって，ab を5でわったときの余りは2

4 解答　$a=4$，$b=6$，$c=8$，$d=9$

解説

$a<b<c$ より，$a+b<a+c$ だから，

$a+b=10$……①，$a+c=12$……②

①−②より，$b-c=-2$……③

$b+c$ は13または14である。

$b+c=13$……④のとき，

③+④より，$2b=11$，$b=\frac{11}{2}$

b は正の整数だから，これは適さない。

$b+c=14$……⑤のとき，

③+⑤より，$2b=12$，$b=6$

これは適している。

①より，$a+6=10$，$a=4$

⑤より，$6+c=14$，$c=8$

また，$a+d=13$ より，

$4+d=13$，$d=9$

5 解答　(a, b, c)

$=(3, 4, 5)$，$(4, 9, 4)$

解説

$0<8c^2<225$ より，$c^2<\frac{225}{8}=28.1\cdots$ だから，$c\leqq5$

$c=5$ のとき，

$a^2+b^2+8\times5^2=225$，$a^2+b^2=25$

これを満たす a，b の値の組は，

$(a, b)=(3, 4)$

$c=4$ のとき，

$a^2+b^2+8\times4^2=225$，$a^2+b^2=97$

これを満たす a，b の値の組は，

$(a, b)=(4, 9)$

$c=3$，2，1のとき，これを満たす1以上10以下の整数 a，b の値の組は存在しない。

6 解答　3辺の長さが2，5，9のとき，表面積は146，3辺の長さが3，3，10のとき，表面積は138

解説

直方体の縦の長さ，横の長さ，高さをそれぞれ a，b，c（$0<a\leqq b\leqq c<16$，a，b，c は整数）とすると，

$a+b+c=16$，$abc=90=2\times3^2\times5$

a，b，c は90の約数だから，このような数のうち，a の値が小さい順に考えていく。

$a=1$ のとき，$b+c=15$，$bc=90$

これらを満たす b，c は存在しない。

$a=2$ のとき，$b+c=14$，$bc=45$

これらを満たす b，c の値の組は，

$(b, c)=(5, 9)$

$a=3$ のとき，$b+c=13$，$bc=30$

これらを満たす b，c の値の組は，

$(b, c)=(3, 10)$

$a=5$ のとき，$b+c=11$，$bc=18$

これらを満たす b，c は存在しない。

a が6以上のとき，$a+b+c=16$ かつ $0<a\leqq b\leqq c<16$ を満たすことはない。

$(a, b, c)=(2, 5, 9)$ のとき，表面積は，$(2\times5+5\times9+2\times9)\times2=146$

$(a, b, c)=(3, 3, 10)$ のとき，表面積は，$(3\times3+3\times10+3\times10)\times2=138$

7 解答　(1) 101と99，303と33，909と11　積は9999

(2) 137と73　積は10001

解説

(1)　9999を素因数分解すると，

$3^2\times11\times101$ だから，9999を3けたの整数と2けたの整数の積で表すと，

$9999=101\times99=303\times33=909\times11$

(2)　10001を素因数分解すると，

73×137 だから，$10001=137\times73$

8 解答　(1) 9回　(2) 7，9，10，12，16

(3) 21個

解説

(1)　$47\to46\to23\to22\to11\to10\to5\to4\to2\to1$

(2)　1から4回の操作をさかのぼっていくと，右の図のようになる。

$1\to2$ → 3 → 6 → 7, 12 ／ 2 → 4 → 5 → 10 ／ 4 → 8 → 9, 16

　よって，4回の操作で1になる数は，7，9，10，12，16

(3)　奇数は，操作の前は偶数1個，偶数は，操作の前は奇数と偶数の2個がある。

　(2)より，

5回前の操作→奇数3個，偶数5個，

6回前の操作→奇数5個，偶数8個，

7回前の操作→奇数8個，偶数13個，

8回前の操作→奇数13個，偶数21個，

　よって，8回の操作で1になる偶数は21個。

9 解答　53

解説

$70a+21b+15c$ に $a=2$，$b=3$，$c=4$ を代入すると，

$70\times2+21\times3+15\times4=140+63+60=263$

263から3と5と7の最小公倍数105をひいた数も，3でわると2余り，5でわると3余り，7でわると4余る自然数になる。

よって，$263-105=158$，$158-105=53$

巻末 模擬検定の解答

1次：計算技能検定

1 解答　(1) $x^2-6x+23$

(2) $(7x+y)(7x-y)$　(3) $21-8\sqrt{6}$

(4) $x=4\pm\sqrt{7}$　(5) $y=24$

解説

(1)　原式 $=2(x^2-4x+4)-(x^2-2x-15)$

$=2x^2-8x+8-x^2+2x+15$

$=x^2-6x+23$

(2)　原式 $=(7x)^2-y^2=(7x+y)(7x-y)$

(3)　原式 $=(\sqrt{3})^2-2\times\sqrt{3}\times3\sqrt{2}+(3\sqrt{2})^2-\dfrac{6\sqrt{2}\times\sqrt{3}}{\sqrt{3}\times\sqrt{3}}$

$=3-6\sqrt{6}+18-\dfrac{6\sqrt{6}}{3}$

$=21-6\sqrt{6}-2\sqrt{6}=21-8\sqrt{6}$

(4)　$x^2-8x+9=0$，$x^2-8x=-9$

$x^2-8x+16=-9+16$，

$(x-4)^2=7$，$x-4=\pm\sqrt{7}$，

$x=4\pm\sqrt{7}$

【別解】　解の公式より，

$$x=\frac{-(-8)\pm\sqrt{(-8)^2-4\cdot1\cdot9}}{2\cdot1}$$

$$=\frac{8\pm\sqrt{64-36}}{2}=\frac{8\pm\sqrt{28}}{2}$$

$$=\frac{8\pm2\sqrt{7}}{2}=4\pm\sqrt{7}$$

(5)　y は x の2乗に比例するから，$y=ax^2$ とおける。$y=ax^2$ に $x=-2$，$y=6$ を代入すると，

$6=a\times(-2)^2$，$6=4a$，$a=\dfrac{3}{2}$

$y=\dfrac{3}{2}x^2$ に $x=4$ を代入すると，

$y=\dfrac{3}{2}\times4^2=\dfrac{3}{2}\times16=24$

2 解答　(6) $115°$　(7) 9

(8) $x^2+2xy+y^2-3x-3y+2$

(9) $(x+1)(x-1)(y-1)$　(10) 6

解説

(6)　点CとDを結ぶ。

半円の弧に対する円周角は90°だから，$\angle BDC=90°$

三角形の内角の和が180°だから，

$\angle C=180°-(25°+90°)=65°$

円に内接する四角形について，対角の和は180°だから，

$\angle x+65°=180°$, $\angle x=180°-65°=115°$

【別解】　点CとAを結ぶ。

半円の弧に対する円周角は90°だから，$\angle BAC=90°$

$\overset{\frown}{CD}$ に対する円周角だから，

$\angle DAC=\angle DBC=25°$

よって，$\angle x=90°+25°=115°$

(7)　三平方の定理より，

$x^2=41^2-40^2=1681-1600=81$

$x>0$ だから，$x=\sqrt{81}=9$

(8)　$x+y=A$ とおくと，

原式$=(A-2)(A-1)=A^2-3A+2$

$=(x+y)^2-3(x+y)+2$

$=x^2+2xy+y^2-3x-3y+2$

(9)　原式$=y(x^2-1)-(x^2-1)$

$=(x^2-1)(y-1)$

$=(x+1)(x-1)(y-1)$

(10)　原式$=\dfrac{(\sqrt{2}-1)^2+(\sqrt{2}+1)^2}{(\sqrt{2}+1)^2(\sqrt{2}-1)^2}$

$=\dfrac{2-2\sqrt{2}+1+2+2\sqrt{2}+1}{\{(\sqrt{2}+1)(\sqrt{2}-1)\}^2}$

$=\dfrac{6}{\{(\sqrt{2})^2-1^2\}^2}=\dfrac{6}{(2-1)^2}=6$

3 解答　(11) $a=3$　(12) $-6<x<4$

(13) $x=8$

(14) ① $\cos\theta=-\dfrac{4\sqrt{2}}{9}$

② $\tan\theta=-\dfrac{7}{4\sqrt{2}}\left(=-\dfrac{7\sqrt{2}}{8}\right)$

(15) ① 504　② 495

解説

(11)　$y=x^2-2x+a$ に $x=1$, $y=2$ を代入すると，$2=1^2-2\times1+a$,

$2=1-2+a$, $a=3$

(12)　$x^2+2x-24=0$ を解くと，

$(x+6)(x-4)=0$, $x=-6$, 4

$y=x^2+2x-24$ のグラフで，$y<0$ となる x の値の範囲を求めると，

$-6<x<4$

(13)　方べきの定理より，

$PA\cdot PB=PC\cdot PD$, $4\cdot6=x\cdot3$,

$24=3x$, $x=8$

(14)①　$\sin^2\theta+\cos^2\theta=1$ から，

$\cos^2\theta=1-\sin^2\theta=1^2-\left(\dfrac{7}{9}\right)^2$

$=1-\dfrac{49}{81}=\dfrac{32}{81}$

$90°<\theta<180°$ より，$\cos\theta<0$ だから，$\cos\theta=-\sqrt{\dfrac{32}{81}}=-\dfrac{4\sqrt{2}}{9}$

②　$\tan\theta=\dfrac{\sin\theta}{\cos\theta}=\dfrac{7}{9}\div\left(-\dfrac{4\sqrt{2}}{9}\right)$

$=\dfrac{7}{9}\times\left(-\dfrac{9}{4\sqrt{2}}\right)=-\dfrac{7}{4\sqrt{2}}$

(15)①　${}_9P_3=9\cdot8\cdot7=504$

②　${}_{12}C_8={}_{12}C_4=\dfrac{12\cdot11\cdot10\cdot9}{4\cdot3\cdot2\cdot1}=495$

②次：数理技能検定

1 解答　(1) $x(x+4)$ cm^2　(2) 5 cm

解説

(1)　横の長さは，$x+4$(cm)だから，

長方形の面積は，$x\times(x+4)$(cm²)

(2) $x(x+4)=45$，$x^2+4x-45=0$，
$(x+9)(x-5)=0$，$x=-9$，5
$x>0$ だから，$x=5$(cm)

2 解答 (3)【証明】 連続する2つの奇数を，$2n-1$，$2n+1$ とする。
連続する2つの奇数の積に1を加えた数は，
$(2n-1)(2n+1)+1=4n^2-1+1$
$=4n^2$
n^2 は整数だから，$4n^2$ は4の倍数である。
よって，連続する2つの奇数の積に1を加えた数は，4の倍数になる。

3 解答 (4) $\dfrac{\sqrt{3}}{5}$，$\dfrac{3}{5}$，$\sqrt{\dfrac{3}{5}}$，$\dfrac{3}{\sqrt{5}}$

解説

(4) $\dfrac{3}{5}=\sqrt{\dfrac{9}{25}}$，$\dfrac{3}{\sqrt{5}}=\sqrt{\dfrac{9}{5}}$，$\dfrac{\sqrt{3}}{5}=\sqrt{\dfrac{3}{25}}$
$\dfrac{3}{25}<\dfrac{9}{25}<\dfrac{3}{5}<\dfrac{9}{5}$ だから，
$\dfrac{\sqrt{3}}{5}<\dfrac{3}{5}<\sqrt{\dfrac{3}{5}}<\dfrac{3}{\sqrt{5}}$

4 解答 (5) $(2,\ a-4)$ (6) $a=-7$

解説

(5) $y=x^2-4x+a=x^2-4x+4-4+a$
$=(x-2)^2+a-4$
よって，頂点の座標は，$(2,\ a-4)$

(6) 2次関数 $y=x^2-4x+a$ のグラフは，下に凸で，軸は直線 $x=2$
x の値が軸から遠くなるほど y の値は大きくなるから，$-2\leqq x\leqq 5$ では，$x=-2$ のとき y は最大値をとる。
$x=-2$ のとき，
$y=(-2)^2-4\times(-2)+a=a+12$
最大値は5だから，
$a+12=5$，$a=5-12=-7$

5 解答 (7) $\sqrt{5}$

解説

(7) 余弦定理 $a^2=b^2+c^2-2bc\cos A$ に，$b=3$，$c=2\sqrt{2}$，$A=45°$ をあてはめて，
$a^2=3^2+(2\sqrt{2})^2-2\cdot3\cdot2\sqrt{2}\cos45°$
$=9+8-2\cdot3\cdot2\sqrt{2}\cdot\dfrac{1}{\sqrt{2}}$
$=9+8-12$
$=5$
$a>0$ だから，
$a=\sqrt{5}$
よって，
$BC=\sqrt{5}$

A, B, C, 45°, $2\sqrt{2}$, 3, a

6 解答 (8) $\dfrac{1}{3125}$ (9) $\dfrac{128}{625}$

解説

(8) 1回の試行で，赤球が出る確率は，
$\dfrac{4}{20}=\dfrac{1}{5}$
よって，求める確率は，
$\left(\dfrac{1}{5}\right)^5=\dfrac{1}{3125}$

(9) 1回の試行で，白球が出る確率は，
$\dfrac{16}{20}=\dfrac{4}{5}$
よって，反復試行の確率より，
${}_5C_3\left(\dfrac{4}{5}\right)^3\left(1-\dfrac{4}{5}\right)^{5-3}$
$=10\times\left(\dfrac{4}{5}\right)^3\times\left(\dfrac{1}{5}\right)^2=\dfrac{10\times4^3}{5^5}=\dfrac{128}{625}$

7 解答 (10) 991

解説

(10) 2，3，5，6，9，10 の最小公倍数を求めると，右の計算より，

```
2 ) 2  3  5  6  9  10
3 ) 1  3  5  3  9  5
5 ) 1  1  5  1  3  5
    1  1  1  1  3  1
```

$2\times3^2\times5=90$
最小公倍数90の倍数に1を加えた数で，1000にいちばん近い数を求めると，$90\times11+1=991$

①